发现之旅

动植物篇

新光传媒◎编译

Eaglemoss出版公司◎出品

FIND OUT MORE

哺乳动物

石油工业出版社

图书在版编目（CIP）数据

哺乳动物 / 新光传媒编译. —北京：石油工业
出版社，2020.3
　（发现之旅．动植物篇）
　ISBN 978-7-5183-3144-4

Ⅰ．①哺…　Ⅱ．①新…　Ⅲ．①哺乳动物纲－普及读物
Ⅳ．①Q959.8-49

　中国版本图书馆CIP数据核字（2019）第035288号

发现之旅：哺乳动物（动植物篇）

新光传媒　编译

出版发行：石油工业出版社
　　　　　（北京安定门外安华里2区1号楼　100011）
网　　　址：www.petropub.com
编 辑 部：（010）64523783
图书营销中心：（010）64523633
经　　　销：全国新华书店
印　　　刷：北京中石油彩色印刷有限责任公司
2020年3月第1版　2020年3月第1次印刷
889×1194毫米　开本：1/16　印张：8.25
字　　　数：105千字
定　　　价：36.80元
（如出现印装质量问题，我社图书营销中心负责调换）

版权所有，翻印必究

编辑说明

　　"发现之旅"系列图书是我社从英国 Eaglemoss（艺格莫斯）出版公司引进的一套风靡全球的家庭趣味图解百科读物，由新光传媒编译。这套图书图片丰富、文字简洁、设计独特，适合 8 ~ 14 岁读者阅读，也适合家庭亲子阅读和分享。

　　英国 Eaglemoss 出版公司是全球非常重要的分辑读物出版公司之一。目前，它在全球 35 个国家和地区出版、发行分辑读物。新光传媒作为中国出版市场积极的探索者和实践者，通过十余年的努力，成为"分辑读物"这一特殊出版门类在中国非常早、非常成功的实践者，并与全球非常强势的分辑读物出版公司 DeAgostini（迪亚哥）、Hachette（阿谢特）、Eaglemoss 等形成战略合作，在分辑读物的引进和转化、数字媒体的编辑和制作、出版衍生品的集成和销售等方面，进行了大量的摸索和创新。

　　《发现之旅》（FIND OUT MORE）分辑读物以"牛津少年儿童百科"为基准，增加大量的图片和趣味知识，是欧美孩子必选科普书，每 5 年更新一次，内含近 10000 幅图片，欧美销售 30 年。

　　"发现之旅"系列图书是新光传媒对 Eaglemoss 最重要的分辑读物 FIND OUT MORE 进行分类整理、重新编排体例形成的一套青少年百科读物，涉及科学技术、应用等的历史更迭等诸多内容。全书约 450 万字，超过 5000 页，以历史篇、文学·艺术篇、人文·地理篇、现代技术篇、动植物篇、科学篇、人体篇等七大板块，向读者展示了丰富多彩的自然、社会、艺术世界，同时介绍了大量贴近现实生活的科普知识。

　　发现之旅（历史篇）：共 8 册，包括《发现之旅：世界古代简史》《发现之旅：世界中世纪简史》《发现之旅：世界近代简史》《发现之旅：世界现代简史》《发现之旅：世界科技简史》《发现之旅：中国古代经济与文化发展简史》《发现之旅：中国古代科技与建筑简史》《发现之旅：中国简史》，主要介绍从古至今那些令人着迷的人物和事件。

发现之旅（文学·艺术篇）：共 5 册，包括《发现之旅：电影与表演艺术》《发现之旅：音乐与舞蹈》《发现之旅：风俗与文物》《发现之旅：艺术》《发现之旅：语言与文学》，主要介绍全世界多种多样的文学、美术、音乐、影视、戏剧等艺术作品及其历史等，为读者提供了了解多种文化的机会。

　　发现之旅（人文·地理篇）：共 7 册，包括《发现之旅：西欧和南欧》《发现之旅：北欧、东欧和中欧》《发现之旅：北美洲与南极洲》《发现之旅：南美洲与大洋洲》《发现之旅：东亚和东南亚》《发现之旅：南亚、中亚和西亚》《发现之旅：非洲》，通过地图、照片和事实档案等，逐一介绍各个国家和地区，让读者了解它们的地理位置、风土人情、文化特色等。

　　发现之旅（现代技术篇）：共 4 册，包括《发现之旅：电子设备与建筑工程》《发现之旅：复杂的机械》《发现之旅：交通工具》《发现之旅：军事装备与计算机》，主要解答关于现代技术的有趣问题，比如机械、建筑设备、计算机技术、军事技术等。

　　发现之旅（动植物篇）：共 11 册，包括《发现之旅：哺乳动物》《发现之旅：动物的多样性》《发现之旅：不同环境中的野生动植物》《发现之旅：动物的行为》《发现之旅：动物的身体》《发现之旅：植物的多样性》《发现之旅：生物的进化》等，主要介绍世界上各种各样的生物，告诉我们地球上不同物种的生存与繁殖特性等。

　　发现之旅（科学篇）：共 6 册，包括《发现之旅：地质与地理》《发现之旅：天文学》《发现之旅：化学变变变》《发现之旅：原料与材料》《发现之旅：物理的世界》《发现之旅：自然与环境》，主要介绍物理学、化学、地质学等的规律及应用。

　　发现之旅（人体篇）：共 4 册，包括《发现之旅：我们的健康》《发现之旅：人体的结构与功能》《发现之旅：体育与竞技》《发现之旅：休闲与运动》，主要介绍人的身体结构与功能、健康以及与人体有关的体育、竞技、休闲运动等。

　　"发现之旅"系列并不是一套工具书，而是孩子们的课外读物，其知识体系有很强的科学性和趣味性。孩子们可根据自己的兴趣选读某一类别，进行连续性阅读和扩展性阅读，伴随着孩子们日常生活中的兴趣点变化，很容易就能把整套书读完。

目录 CONTENTS

浣熊和鼬鼠

一对活泼的小水獭从湿滑的溪岸滑下，掉进小溪里，溅起了大片水花。它们流线型的身体在水里扭动旋转，姿态优美至极。然而，腥臭的呼吸和针尖般锋利的牙齿暴露了它们杀手的本性。

浣熊和它的近亲都属于浣熊科，这是一群样子像狗的食肉动物，长着长长的、突出的口鼻部。在浣熊科中，有17个以杂食为主的品种生活在美洲。它们的毛色有棕色、灰色和红色之分，其中几个品种的长尾巴上长有环纹，面部有伪装。

食肉目中最大的鼬科中，有大约70种鼬鼠类动物。除了南极洲和大洋洲，鼬科动物广泛分布在世界各地。这些捕食者身子长长的、四肢短短的，生活在各种各样的环境中，有树上的、地洞中的、水生的和半水生的。

▲ 一只浣熊在水边敏捷地扑到了一只青蛙。浣熊喜欢生活在水边，也有很多生活在靠近人类的地方——甚至在城市的中心。城市的垃圾堆、花园、公园和垃圾箱也它们提供了丰富的食物。

浣熊和长鼻浣熊

普通浣熊广泛分布在中美洲和北美洲，并被引入欧洲和亚洲的一些地区。它们长约80厘米，有着从黑色到棕色的粗糙毛发，脸上有黑色的伪装，还长着一条带有黑白相间环纹的毛茸茸的尾巴。它们总是在夜里出来活动，鼻子不停地抽动着，翻拱泥土、游泳、攀缘，或者在潜在的隐蔽处和缝隙里搜寻食物。小龙虾、蛙和鱼都是它们喜爱的食物，它们用自己高度灵巧敏捷的前爪抓住这些猎物。此外，鸟、蛋、昆虫、水果和其他优质的食物资源，也都在它们的搜罗范围之内。除普通浣熊外，还有5种浣熊，其中包括生活在中南美洲的食蟹浣熊。浣熊一胎可产下3～4个幼崽，小浣熊在树洞、地上的洞穴、阁楼或烟囱管道里长大。

4种长鼻浣熊全部生活在中南美洲和美国南部地区。白天，它们用抽动的长鼻子以及长长的前爪在森林的林床上搜寻食物。它们是优秀的攀爬高手，并且能够扭转足踝，头朝下从树上爬下来。雌性长鼻浣熊通常群居生活，而雄性则独自游荡。它们能够拖动腹部，沿着树枝四处走动。

蓬尾浣熊又叫"淘金猫"，是一种体态优美的动物。它有着长长的腿，狐狸般的面孔，样子有点儿像松鼠。它体长大约1米，不过一根带有黑白相间环纹的毛茸茸的尾巴就占了体长的一半。它生活在美国南部和墨西哥的地洞、树洞、石缝里，以及古印第安遗址上。中美洲蓬尾浣熊是蓬尾浣熊的亲戚，来自中美洲，体形比蓬尾浣熊稍大，它长着锥形的耳朵，而蓬尾浣熊的耳朵是圆的。它们俩都在夜间出动，捕食蜥蜴和小型哺乳动物，兔子那么大的动物都可以成为它们的猎物。

蜜熊和欧凌哥浣熊外表和习性上都很相像，它们都生活在南美洲的热带雨林里。蜜熊略大一些，并长着一条可以盘卷的尾巴和一条长舌头，长舌头能够伸出来舔食花蜜，作为蜜熊水果餐的补充。欧凌哥浣熊则长着不能卷曲的毛茸茸的尾巴，它的食性更杂，以无脊椎动物、小型脊椎动物、鸟类和水果等为食。

▲ 蓬尾浣熊一度被美国的淘金者们作为捕鼠动物和宠物饲养，它们是浣熊的亲戚。美国西南部的废矿区现在仍然是蓬尾浣熊的幸福家园。

▲ 一只蜜熊从一根树枝上安全地倒悬下来。这种动物主要以水果为食，它们能够通过卷曲的尾巴和后腿抓紧树枝，从而把双手空出来，抓取那些不太顺手的东西。蜜熊有时在果树上举行"聚会"。

白鼬和黄鼬

　　体形像香肠一样的黄鼬和白鼬都是小型的野蛮杀手，它们不分昼夜地在隐蔽处、缝隙里和地底下寻找猎物。啮齿动物、鸟类、昆虫、野兔、蜥蜴和蛙类是它们的主要食物。

　　黄鼬身手敏捷，行动迅速，是冷酷无情的老鼠和田鼠杀手。它通常俯身贴着地面奔跑，或者弓着身子跳跃前进。它有着良好的视觉，但却主要依靠嗅觉进行捕猎。它会不时地停下来，用后腿站立在地上，嗅着空气，对所在区域进行侦察。生活在欧洲和亚洲的白鼬和生活在南北美洲的长尾黄鼬经常捕食比自己体形还大的猎物，例如野兔和水田鼠。

　　臭猫比白鼬稍微粗壮一些，也是同样无情的陆地杀手。臭猫在夜间捕食啮齿类动物，同时也以昆虫、蠕虫和腐肉为食。欧洲臭猫生活在地下的洞穴里。一只雌性臭猫一胎能产下 12 只幼崽。濒危的美国黑足雪貂，则偏爱草原土拨鼠。雪貂是臭猫的驯化品种，而且大多是白化变种，被人们饲养用来追捕野兔，或者养作宠物。

长鼻浣熊家族

　　在中南美洲的森林和灌木丛林里，长鼻浣熊四处翻拱寻找昆虫。它们用前爪将昆虫从干草丛里驱赶出来，也食用螃蟹、水果、蛙类及蜥蜴、蜘蛛。长鼻浣熊上翘的口鼻部很长，而且异常灵活，是理想工具。雄性长鼻浣熊单独行动，而雌性喜欢群居，一般 5～12 只母兽和幼崽组成一个群体。群体内的个体会互相梳理皮毛，轮番放哨，合力驱逐捕食者，甚至共同哺育彼此的后代。在繁殖季节，一只有具支配地位的雄性被允许加入雌性群体中。雌性浣熊在树枝构成的平台上生产。

水貂和貂鼠

水貂是一种生活在水边的凶恶的肉食动物。为了适应半水生的生活方式，它们的部分脚掌网状化了。水貂的两个种——美洲水貂和欧洲水貂非常相似，都有着滑亮的巧克力棕色的毛皮，都生活在河流、湖泊和海滨附近。它们的捕猎范围很广，包括螃蟹、龙虾、鱼类，以及鸟类和野兔等。水貂是游泳高手，但它们的视力在水下并不特别敏锐，因此水貂经常在潜水之前就看清楚猎物的方位。和黄鼬一样，它们通过气味捕猎陆地上的猎物。水貂出生在水边的洞穴里，洞穴通常隐藏在石头或者树根中间。

貂鼠的体形中等，长着尖尖的脸和毛茸茸的尾巴，生活在针叶林、落叶林和热带雨林里。石貂、松貂、美洲貂鼠、日本貂鼠和紫貂看起来颇为相似。它们有着深浅不同

▲ 这只黄鼬用锋利的牙齿叼着一只脖子上沾满鲜血的老鼠，匆忙穿过低矮的树丛，奔向自己的巢穴。黄鼬和白鼬都通过咬断猎物脖子的方法快速地杀死小动物，但是白鼬还能够反复咬猎物的喉咙，来制服野兔和大型鸟类。

▲ 与其他鼬科动物相比，貂鼠在树上活动的时间要长得多。图中这只美洲貂鼠显示了它在树枝间一贯的敏捷。美洲貂鼠是最小的貂鼠，它喜欢在北方的针叶林里四处跳跃。

空中的气味

　　鼬科动物拥有发达的肛腺，能够分泌出一种黏稠的、具有刺激性气味的黄色流体，叫作麝香。臭鼬和臭猫的浓烈气味十分有名，但事实上所有鼬科动物的粪便都带有特殊的气味。它们还会留下麝香，用来进行长久的信息交流，并能在紧急时刻释放出一股麝香进行自我防卫。蜜獾用一种难闻的液体吓退敌人，黑白相间的非洲艾虎（也是一种鼬科动物）也使用同样的方法。巴拉望岛的臭獾和马来西亚的马来獾会将它们的臭屁喷射在攻击者的脸上。在放臭气方面，臭鼬是最厉害的高手。面临险境时，它们通常会跺前脚，直着腿走路，并把绒毛竖起的尾巴抬起来警告敌人。斑点臭鼬则通过倒立的姿势来威胁敌人。如果对方不予理睬，臭鼬就会瞄准目标射出臭气这种"万能灵药"，在两米范围内精准无比。

▲　冬天，许多白鼬全身都会变成白色，只留下黑色的尾巴尖。白鼬的皮被称作白貂皮，一度被用来缝制成英国贵族的礼服。很多其他鼬类也因为自己的毛皮而被捕杀。

你知道吗?

被食的豪猪

　　食鱼貂是最大的貂类。它们生活在北美针叶林和混合林里，并以小型脊椎动物、腐肉、水果和坚果为食。但是它们的头等美食是豪猪。北美的豪猪被一层锋利的鳞片外衣很好地保护着，但是食鱼貂总是从低处进行攻击，直击豪猪脆弱的脸部。它绕着豪猪游走，伺机扑上前来撕咬。多次撕咬后，豪猪就因惊吓而放松了防卫，这时，食鱼貂纵身将豪猪扑倒在地，从它没有鳞片的腹部开始大吃起来。

的棕色皮毛，肚皮或喉咙处有一块浅色（通常是奶白色）的斑点。貂鼠两两配对繁殖后代，一胎一般可以产下 1～5 只小貂鼠。貂鼠是机会主义者，会不停地搜寻可能存在猎物的洞穴和藏身之地，直到找到猎物为止。田鼠、松鼠、野兔和鸟是它们主要的搜寻目标，同时它们也以水果、坚果和腐肉为食。

臭鼬和水獭

　　臭鼬的皮毛黑白相间，极富特色。它们夜

◄ 水獭经常摆出这种"三脚架"的姿势，以便更好地观察周围的环境并嗅闻空气中的气味。像所有的水獭一样，图中这只北美河獭，只有在水里才真正感到自由自在，它可以优美地蜿蜒游动，搜寻猎物。

▲ 三只出来觅食的小獾组成了一支夜间三重唱乐队。在一个运气好的晚上，一只獾几小时就能捉到数百只虫子。狗獾占据着足够大的领地，领地中有许多虫子的聚集点。

晚出来，用长长的前爪挖掘、翻拱食物。臭鼬生活在南北美洲，主要吃肉食，像昆虫和小型哺乳动物，但是也吃昆虫的幼虫、鸟蛋和水果。冬天，臭鼬会穴居在洞里睡觉，但并不是真正的冬眠。

水獭是鼬科动物中最典型的水生物种，它们拥有灵活的脊椎、流线型的身体、防水的皮毛、敏感的触须和锐利的水下视力，极为适应水下捕猎的生活。大多数水獭还长着网状的脚和有力的尖细的尾巴。水獭的耳朵和鼻子在水下可以闭合起来，它们能够一口气在水下游三四分钟。

大多数水獭都依靠敏锐的视力在水下追逐鱼类、龙虾、螃蟹和蛙类，并用腭将它们擒获。非洲的小爪水獭则依靠敏感而灵活的"手指"，在非洲湖底的淤泥里四下摸索，寻找并捕捉甲壳类动物。

你知道吗？

北方的恶徒

在落基山脉下的一些小山上，一只龇着牙的狼獾展露着自己强壮的腭、结实的牙齿和有力的爪子。狼獾是一种技术高超的食腐动物，但它也捕食鸟类和哺乳动物。它能够杀死一头十倍于自己体重的驯鹿。它宽大的脚掌使自己能够在柔软的雪地上行走，并拖着沉重的猎物缓慢移动。它通常将庞大的猎物尸体分解成小块，再把肉块藏在岩石缝隙里，或者埋在柔软的土壤下面。

欧洲河獭通常在夜间独自外出，通过排泄物（水獭粪）和麝香分泌物圈定自己的领地范围。亚马孙河流域的大水獭能长到2米多长，重量可达到30千克。大水獭是一种稀有动物，森林里季节性的洪水将排卵期的鱼带入小溪里，它们才有了赖以为生的食物。海獭的体重比大水獭还要重，它们尤其喜爱软体动物，会潜入北美洲海滨浅水区的海床里，搜寻蛤蜊、海胆、海星和其他海洋食物。

獾

獾的体形中等，粗壮结实，长着有力的腭、长长的口鼻部和一条短尾巴。獾是优秀的挖掘好手，它们的前肢上长着不易伸缩的长爪子，就像一把特别好用的铲子。很多獾是灰黑色的，夹杂着黑白相间的条纹。它们用鼻子不停地嗅来嗅去，到处翻拱，寻找食物，觅食活动通常在夜里进行。生活在东亚的神秘的猪獾长着异常巨大的口鼻部。狗獾长着富有特色的黑色脸颊，以水果、浆果、植物块茎、小型哺乳动物和昆虫为食，不过它尤其喜欢吃蚯蚓。狗獾通常成群生活在地下的大型洞穴里。这种洞穴称为獾洞，通常是在林地排水良好的斜坡上挖掘出来的。好位置不容易找到，所以一些獾洞通常被连续使用好几百年。雄獾在巢穴附近特殊的排泄区域留下自己的粪便和气味，并且将气味涂抹在其他群体的成员身上。

美洲獾主要吃在地面活动的松鼠，也会挖掘兔洞和鼠洞，捕捉兔子和老鼠为食。由于长期以蜂蜜、蜂蜡、蜜蜂幼虫和其他昆虫为食，非洲蜜獾的牙齿发育得不像其他獾那么好，不太擅长嚼碎食物。它厚厚的皮肤能够保护自己，抵挡蜜蜂的叮蜇。

啮齿动物

啮齿目动物是一种行动迅疾的多齿动物，在所有哺乳动物中，它们数量最多，分布最广。啮齿目动物能带来各种各样的麻烦，它们不但传播疾病，还会啃咬电缆。但是也有一些啮齿目动物成为人类的宠物。

▲ 印度巨松鼠在进食的时候，用后腿倒挂着。生活在亚洲的其余三种巨松鼠也采用同样的倾斜姿势进食。松鼠的体形大小不一，既有像老鼠一样小的非洲小松鼠，也有像狗一样大的土拨鼠。

啮齿目动物的适应性极强，种类繁多，是机会主义者，它们生活在各类栖居环境中，除了南极洲，其他各大陆都有它们的影子。从旅鼠潜伏的冻土苔原地带，到沙鼠横行的沙漠，啮齿目动物几乎无处不在。大多数啮齿目动物都生活在地面上，但也有一些生活在树上，还有一些生活在水中。它们成功繁衍下来的关键在于能够适应多种多样的食物，还有极其强大的繁殖能力——雌性每年都会产好几窝的幼崽。

大多数啮齿目动物体形小、有皮毛、腿短、有尾巴。不过这群动物的大小差异很大，既有微小的睡鼠，也有像绵羊一样大的水豚。它们最显著的特征是牙齿。所有啮齿目动物都有两对像凿子一样的门牙，有的还有颊囊——多毛的皮肤褶皱或"皮肤袋"，用来储存食物，还能把里面翻出来"清洁"。

大多数啮齿目动物主要以种子、水果、坚果，植物的叶和根为食，但也经常吃昆虫和昆虫的幼虫。还有一些啮齿目动物是食肉动物，像以鱼、蛙为食的东方水鼠。为了处理粗糙的植物性食料，它们有很大的阑尾，阑尾中的细菌能帮助分解植物细胞壁中的纤维素。为了帮助消化，有时它们还要吃自己的粪便。

啮齿目动物又分为三个亚目，分别是松鼠型亚目、豚鼠亚目、鼠型亚目。

松鼠型亚目

松鼠型亚目中有 7 个科，它们是山河狸科、河狸科、松鼠科、囊鼠科、鳞尾松鼠科、更格卢鼠科、跳兔科。

松鼠科动物遍布世界许多地方，它们的尾巴皮毛浓密，擅长在树梢上活动。它们主要以种子、坚果为食，但也吃昆虫、水果、真菌和其他植物。吃东西时，它们用臀部蹲坐着，两只前爪抱着食物。鼯鼠和其他一些种类会吃大量的树叶，有时也会吃爬行动物或雏鸟。一些生活在热带的松鼠科动物还是食虫动物。

飞鼠、鳞尾松鼠能将四肢展开，在树与树之间滑行很长的距离——它们的滑行膜就像降落伞一样，使用腿和尾巴进行操纵。有的种类一次能滑行 100 多米。

在温带地区，松鼠科动物会将坚果和种子埋藏并储存起来，供冬天食用。冬天，松鼠不再活跃，但也不会冬眠。欧黄鼠、北极松鼠和其他地松鼠则会进入冬眠状态。过冬前，它们会使劲儿地吃东西，在体内储存起一层厚厚的脂肪，并把大量种子、坚果、真菌收集、储存起来。

▲ 这种花白旱獭属于松鼠型亚目，它们很重，主要生活在阿拉斯加和加拿大的山区中。它们会在体内储存起厚厚的脂肪过冬。冬天的时候，它们会在地洞中冬眠 6 个月左右，为了排便，它们每 3～4 周会苏醒一次。

▲ 这只里氏田鼠并不特别适应水中的生活，但是它擅长游泳，不管是在水面上还是在水底下，都游得很好。它会在河岸上挖洞。

细趾黄鼠以睡觉来应付干旱的季节和严寒的冬天。

有一些地松鼠的前肢和爪子非常有力，能帮助它们掘洞，以及在吃食的时候抓握草茎和低矮的植物。许多地松鼠成群地生活在地洞中。草原犬鼠具有很强的社会性，它们以大型群体的形式生活在一起，每一个大群体都由好几个小群体组成。它们的地洞系统高度密集，为幼崽们提供了成长之地。

跳兔看起来像是袋鼠和野兔的杂交品种，主要生活在南非和东非的干旱地区，在地洞中躲避炎炎烈日。夜里，它们才离开洞穴，靠着长长的后腿四处跳跃，在草地上吃草。

河狸

河狸的身体很重，但是它的体形呈流线型，后足有蹼，又大又扁的尾巴像舵一样，能推动它们在水中迅速游动。河狸在潜水时，会"关闭"鼻子和耳朵，眼睛被一层透明眼膜遮盖着。

丛林中的舵手
红松鼠在丛林的树枝之间显得异常敏捷灵活，它们落地的时候头朝下。在地面上，它们用一种优雅的姿势跳着行走。当它们沿着树枝奔跑时，就用尾巴来保持平衡，尾巴还能帮助红松鼠在跳跃的时候掌握方向——此外，尾巴还是它们重要的交流工具。

狂热的诱惑
雄性松鼠用叫声吸引雌性的注意。然后，它安静下来，开始展示尾巴。它会分别展示尾巴的两侧，并让尾巴左右摇晃。接着，它围着雌性转圈，再停下来，慢慢把尾巴放到后背上。

求爱的追逐
当雌性成熟后，雄性会追逐它们。在树梢上的求爱活动是令人兴奋的。雄性在树枝上锲而不舍地追逐雌性，有时，好几只雄性共同追逐一只雌性。

身姿敏捷的松鼠

　　和大多数同类一样，欧洲红松鼠擅长攀爬。它们有尖利的爪子，便于抓握；有良好的视力，使它们能够在跳跃时做出准确的判断。

储存栗子
冬天，红松鼠耳朵上的毛会变长，尾巴上的毛在这期间也会长得更加浓密。红松鼠不冬眠，但是它们要依赖秋天储存的食物——种子和坚果过冬。

松鼠建巢
当一对松鼠交配完后，雄性会离开，而雌性会在离地至少3米高的地方设一个很大的巢。它要么对一个旧巢进行修复，要么重新建一个新巢。它把小树枝拖到树枝与树干交叉的权桠处搭建起来，在里面垫上树叶和草。

▶　在一些地方，旅鼠会密集地生活在一起，它们可能成为食品仓库和农作物的害虫。每三到四年，旅鼠的数量就会大增；当食物稀缺时，它们的数量又会迅速下降。

你知道吗？

河狸的"切肉刀"

你可以通过前牙来判断啮齿目动物，就像下面图中显示的河狸牙一样。上面那对牙与下面那对牙交叠在一起，这两对牙都有牙根，会不断地生长——可能每周长几毫米。这些牙齿都像剃刀一样尖利——咬食物的时候，牙齿会被不断打磨。啮齿目动物的门牙后没有犬齿，但是有一道齿隙，齿隙大大方便了它们咀嚼食物。在咀嚼食物的时候，啮齿目动物会将自己的唇拉向齿隙，把整张嘴封住。齿隙后是大大的、用于碾磨的臼齿。

▶ 这只 5 厘米长的巢鼠体重约 7 克，是最小的啮齿目动物之一。它的骨头很轻，大约只占全身体重的 5%。它的面部平钝，耳朵很小，皮毛通常是棕橙色的。它们能够熟练地爬到高草尖端和粮食植物上面寻找种子和昆虫，它们的尾巴具有抓握能力，能帮助抓牢植物的茎。这种巢鼠在用爪子进食或者建巢穴时，会同时用尾巴来固定住身体。巢鼠是建筑大师，它们能用草编织出精致的球形巢。

（雌性小家鼠在两个月左右就成熟了），而且孕期极短。它们每次最多能产 8 只幼崽，一年能生好几窝的幼崽。林姬鼠的幼崽一般出生在地下巢穴中，巢穴是用苔藓、树叶和草搭建起来的。

在南北美洲，生活着 350 多种新大陆鼠。它们的体形都很小，适应了各种各样的生活环境。那些大量时间都生活在树上的鼠类，通常有长长的尾巴。泽鼠和其他一些水生品种，足上一般都有蹼；生活在地洞中的种类一般脖子短、耳朵短、爪子长。厄瓜多尔渔鼠以昆虫、软体动物、甲壳动物和鱼为食。澳洲林鼠有厚厚的皮毛，能适应智利、阿根廷和乌拉圭寒冷的平原气候。

田鼠和旅鼠

田鼠和旅鼠是鼠型亚目中的一个大类，它们体形小，身子圆圆胖胖的，口鼻部平钝，尾巴短。它们大多数都生活在寒冷的地方——在

河狸在陆地上显得很笨重，一旦被预警，它们就会迅速跳回水中。河狸有两个种类——北美河狸和欧洲河狸。北美河狸主要生活在北美洲，后来被引进到了芬兰、波兰和俄罗斯。它们有又厚又密的皮毛，曾在 18 世纪和 19 世纪时被捕猎者大量围捕。欧洲河狸主要生活在法国隆河、德国易北河，以及斯堪的纳维亚和俄罗斯中部地区。

河狸主要以植物、叶、芳草、蕨类植物和藻类植物为食。秋天，它们还会啃咬树木，尤其是白杨和柳树。它们也是令人印象深刻的"伐木工"，它们的牙甚至能够把一棵大树"割"倒。河狸以家族为单位生活，每一群河狸都由一对河狸夫妇和它们的幼崽组成。它们居住在用泥土或树枝构筑的巢穴中。它们的巢穴建在水面上，巢穴内很干燥，但是巢穴的入口处在水下。河狸会先在水域中用木头、树枝和泥建起一道"水坝"，将某片水域围起来——"水坝"长 100 多米，高约 3 米，它们的巢穴就建在这片"人工河"或"人工湖"上。

山河狸主要生活在美国、加拿大的太平洋沿岸的针叶林中，它们大多数时间都在地洞中。这种动物中等大小，习惯蹲伏，脑门宽大，胡须又长又硬。它们通常在夜晚活动，例如收集建巢的材料和食物。山河狸是素食者，主要吃越橘枝、蕨类植物、草和其他植物。

大开眼界

内萨斯食蝗鼠

在北美干旱的草地和沙漠中，宁静的夜晚通常被食蝗鼠高亢的歌声打破。它们用后腿直直地站立着，发出一种尖叫声——这种声音能让它的邻居们远离，从而使自己处在一定的安全距离内。在追赶并杀死昆虫，或者处理像蜥蜴这样的小型脊椎动物之前，它们也会唱起"小调"。雄性和雌性的食蝗鼠都会唱歌，但雄性唱歌的频率比雌性少。

鼠型亚目

在所有哺乳动物中，鼠型亚目的啮齿目动物超过了 1/4。它们大多数都是小型夜行动物，主要吃种子（粮食）。小家鼠是它们中最典型的成员，此外还有林跳鼠、鼹形鼠、田鼠。

鼠型亚目中的动物的寿命只有短短几年，但它们都有强大的繁殖能力。雌性的生育期很长

这些地方，全年多数时候，地面都被冰雪覆盖。它们既不冬眠，也不依靠体内的脂肪生存，相反，它们在雪下的地道中仍然很活跃——雪就像一块绝缘地毯，隔绝了外部的冷空气。田鼠和旅鼠通常吃鳞茎、植物的根、苔藓，甚至还有松针。苔原田鼠和西伯利亚旅鼠都生活在潮湿的地方，主要以莎草和青草为食。但是，环颈旅鼠生活在干旱地区，以芳草为食。它们或者啃咬植被，或者挖掘地下的植物根茎。欧旅鼠的爪子又大又平，适合挖洞。红背鼠在雪地中寻觅浆果。

旧大陆鼠有 400 多个品种，包括人们熟悉的小家鼠、巢鼠和褐鼷鼠。它们种类繁多、体形小、多毛，生活在各种不同的栖居环境中。单沟沼鼠的腿很长，并且是展开的，能适应在沼泽中行走。东非冠鼠是最奇怪的品种之一——这是一种神秘的夜行啮齿目动物，能突然将身上的毛竖起来，它们的腰窝处还会散发出一股浓烈的气味。巴尔干半岛、北非和俄罗斯的鼹鼠主要生活在地洞中，它们的眼睛隐藏在皮肤后。

仓鼠和沙鼠

与被关在宠物笼子中，受人喜爱的亲戚不同，野仓鼠是一种孤独好斗的动物。它们主要生活在中欧、中东和亚洲地区，冬天的时候会冬眠。它们会在颊囊中装满食物，并把大量食物带回地下储存室中。原仓鼠是一种大型啮齿目动物，能长到 30 厘米长，主要生活在中欧和东欧地区的干燥草地上与田野边缘。它们在地下 2 米深的地方挖地道、造房间，作为自己的家园。在夜里和黎明时分，它们走出洞穴觅食种子、根茎，寻找一些土豆，还猎食青蛙、鸟、蛇，或者其他啮齿目动物。它们用牙咬着土豆带回洞穴。5 厘米长的加卡利亚仓鼠主要生活在蒙古、西伯利亚和中国，它们是仓鼠中的侏儒。

沙鼠也有很多品种，大多数生活在非洲和亚洲干旱的栖居环境中。有一些沙鼠过着独居生活，但也有一些沙鼠，比如蒙古沙鼠，成群地生活在一起。在其他沙鼠中，还有长爪沙鼠、毛足小沙鼠、肥沙鼠。在炎热的白天，沙鼠躲藏在洞穴中。在凉爽的黑夜，它们出来搜寻种子、果实、根茎和其他一些植被，以补充体内的水分。

睡鼠是一种聪明的啮齿目动物。大多数睡鼠都很敏捷，擅长爬树，它们主要生活在欧洲、非洲、亚洲地区，冬天的时候会冬眠好几个月。睡鼠主要以坚果、水果、种子、植物的芽为食。但是有一些种类，例如林睡鼠和非洲睡鼠，则以蜘蛛、昆虫、蠕虫、小型脊椎动物、水果和鸟蛋为食。

跳鼠利用长长的后足跳跃，并靠长尾巴保持平衡。它们主要生活在美洲和中国。它们不会挖掘地洞，但是会跳跃着穿过草地、林子、沼泽和草原。大多数跳鼠都生活在欧洲、非洲和亚洲的沙漠中。它们的后腿很长，跳跃的速度极快——必要的时候，它们一次能跳 1 米高，3 米远的距离。

豚鼠亚目

在美洲、亚洲、非洲的沙漠、草地、森林和草原上，生活着许多与豚鼠有亲缘关系的啮齿目动物。它们大多数都是大型啮齿目动物，主要生活在南美洲。它们体形丰满、脑袋大，孕期很长。

豪猪的身上长满了刺。新大陆豪猪主要生活在树上，旧大陆豪猪主要生活在地面上。生活在树上的豪猪也被称为卷尾豪猪，它们的尾巴、爪子和足上的肉垫都便于在树上抓握。它们主要以树皮、树叶、种子、果实为食，有时候也会到地面上觅食草、根茎、坚果、块茎和昆虫。旧大陆豪猪主要有两个品种，分别是帚尾豪猪和豪猪。帚尾豪猪的尾巴很长，尾巴的尖端像毛刷（扫帚）一样，它们皮上的刺很短。豪猪的尾巴很短，背上竖立着又长又尖的刺。

在所有啮齿目动物中，最大的是南美洲的水豚。这种动物像绵羊一样大，皮上有一层刚毛，没有尾巴，它们成群生活在水域附近。它们的足趾上有蹼，擅长游泳——能在水下待5分钟。它们的脑袋又大又钝，耳朵、眼睛和鼻孔都长在头顶上，因此在游泳的时候，它们能将耳朵、眼睛和鼻孔都露在水面上。雄性水豚的口鼻上还有卵形腺体（肌肉腺），从里面能喷出一股黏黏的、白色的分泌物。它们的前牙很大，专门用来咬食生长在水中或者水域附近的草。

河狸鼠是一种大型啮齿目动物，主要生活在南美洲的河岸地洞中，以水生植物为食。它们

▲ 雨季时，水豚成群生活在一起，有时在一个群体中有40来只水豚。在每一群水豚中，有雌性、幼崽、一对处于从属地位的雄性，以及一只居主要地位的雄性（图下左侧）。居主要地位的雄性水豚可以通过鼻子上大大的肌肉腺来辨别。水豚在水中交配，雌性能产下7只幼崽。

▲ 大多数豚鼠的腿都很短，身体肥胖，但是阿根廷长耳豚鼠的腿却很长，看起来像兔子。它们成群地生活在开阔的地区。巴塔哥尼亚野兔（也是一种豚鼠）成对生活在一起，不管雌性去哪儿，雄性都会紧紧跟随着它。巴塔哥尼亚野兔的幼崽生活在"孤儿院"中，父母只在进食的时候才会喂养它们。

▲ 这只羞涩的、独居的无尾刺豚鼠是一种大型、长腿的啮齿目动物，生活在森林深处。夜里，它沿着河岸和山坡觅食，在林中的地面上寻找水果、植物根茎，以及树叶。哪怕树枝轻轻响一声，就能把它给吓住。

▲ 这三只南非豪猪正在穿越喀拉哈里沙漠。当冠豪猪被激怒后，身上的刚毛会竖起来，并会发出"噼里啪啦"的响声，它还会咕噜着，然后将背部对准敌人。刚毛并没有毒，但是一旦被刺到，通常会造成致命的伤口。

体重约 10 千克，擅长游泳——可能是最像豚鼠的水生啮齿目动物。它们身体的下层绒毛很柔软。绒毛丝鼠和兔鼠的臼齿和门牙都会不断生长，它们的尾巴又长又蓬松，后腿也很长。它们主要生活在南美洲，皮毛极其珍贵。

　　长尾豚鼠是一种行踪不定的动物，重 10～15 千克，行动缓慢，主要生活在南美洲的森林里。它们或者是黑色的，或者是棕色的，身上两侧各有一道白色条纹。刺豚鼠更常见，它们的腿很长，主要居住在森林里。它们通过聆听物体掉落地面时发出的声音，觅食掉落在地上的水果。它们也是少数几种能够把巴西坚果的硬壳裂开的动物之一。

　　生活在沙漠中的非洲梳齿鼠有长长的胡须，主要以阳光下的沙漠植被为食，但是它们会躲入岩石下让自己凉爽。它们能将肋骨放平，从岩石裂缝中挤进去。滨鼠生活在地洞中。阿尔泰鼢鼠在地道中觅食植物的根茎。它们大多数都是独居动物。但是，隐鼠要么成对生活在一起，要么一小群一小群地生活在一起。裸鼢鼠大群地生活在一起，群体中有不同的等级，和社会化的昆虫一样——一位"王后"负责生育后代，其余的雌性和雄性多数是干活儿的"工人"。

大开眼界

金色中仓鼠

　　金色中仓鼠生活在保加利亚和中东地区的草地上。这是一种夜行的"食素"动物，长约 18 厘米。据说所有被人们当宠物饲养的金色中仓鼠，都是同一群野生金色中仓鼠的后代——1930 年，在叙利亚，人们在一个地洞中找到了一只雌性金色中仓鼠和它的 12 只幼崽。

狐猴和懒猴

狐猴长得很像普通猴子，但是它们的口鼻部更像狐狸。"懒猴"在荷兰语中的意思是小丑，因为荷兰海员最初看到这种奇怪的亚洲灵长目动物时，觉得它们很像小丑。

灵长目可以被分为两个亚目：类人猿亚目，包括猴子、猿和人；原猴亚目，包括一些更为原始的灵长目动物。而狐猴和懒猴就是原猴亚目中的两个主要群体。它们是小型动物，长着长长的、浓密的尾巴，生活在非洲、马达加斯加和南亚的热带森林中。大多数狐猴和懒猴都有长长的、狭窄的口鼻部，口鼻部的尖端是裸露的、湿乎乎的皮肤。原猴亚目动物的手指和脚趾上，都有扁平的指甲——只有第二个脚趾上长着装饰性的、尖锐而弯曲的指甲。它们的下门牙和犬牙朝前水平生长，形成了实用的"齿梳"，用来修饰皮毛。

马达加斯加的狐猴

狐猴共有 22 个品种，它们可以分为四个主要群体：狐猴科、鼠狐猴科、大狐猴科和指猴科。狐猴与人类有着共同的祖先，它们大约是在 3500 万年前，才与猿、猴分开并走上了一条不同的进化轨道。狐猴并不像它们的亲戚那么聪明。它们在马达加斯加及附近的岛屿上（这是它们唯一的生存地点）的热带森林中过着与猴子类似的生活。它们在树上非常灵活，白天尤为活跃。它们以家庭和社会性群体为单位生活在一起。由于森林遭到破坏，许多狐猴都在为生存而斗争。最大的狐猴是高 80 厘米的大狐猴，最小的是鼠狐猴——身长只有 10 厘米，还有一条长约 12 厘米的尾巴。

狐猴科

狐猴科的三个主要群体是狐猴、鼬狐猴和驯狐猴。它们重约 5 千克，有着各种各样的颜色，如灰色的鼬狐猴和黑白相间的领狐猴。雄性和雌性的大小大致相同，但是它们的颜色通常不同。它们都有着浓密的尾巴，后肢都比前肢长。

▲ 它是在演奏爪哇爵士乐吗？在茂密的爪哇森林中，这只懒猴就像一个倒立着的萨克斯手，用它那肌肉发达的前肢抓住猎物。懒猴会悄无声息地爬到猎物身边，然后用脚握紧树枝，并以惊人的速度用前肢将猎物捉住。

狐猴科种类的口鼻部是黑色的、尖尖的、湿润的，上面长着敏感的腮须。它们彼此之间通过气味交流——它们都有臭腺，能够在树枝上和其他狐猴身上留下记号。它们的两只眼睛都朝向前方，能够双目并用，产生立体视觉。有一些种类在白天很活跃，有一些种类在夜晚很活跃。狐猴也通过声音进行交流。例如，它们能够发出响亮的叫声，这是危险的信号，也是在警告大家与邻居保持安全的距离。而群体内的成员之间则以一种更安静从容的声音进行交流。

狐猴能够通过四肢在树冠上细细的树枝之间移动，还能一跃跳出好几米远。驯狐猴喜欢从一根树干跳到另一根树干上，并通过这种方式在树林间穿梭。

▲ 这只冕狐猴做出了漂亮的单脚跳和转体动作，它们来到地面上是为了跨越在树上无法逾越的"鸿沟"。如果树干之间的距离在它们的跳跃范围内，冕狐猴就会通过强健有力的长腿跳过去，同时用它们的尾巴来保持平衡。

鼠狐猴科

鼠狐猴分为鼠狐猴和倭狐猴两类。鼠狐猴是杂食性动物，主要在夜晚出来活动。在生活在马达加斯加的灵长目动物中，它们是最小的一个群体。其中，赤褐倭狐猴长约 18 厘米，重约 28 克，是世界上最小的灵长目动物。最大的鼠狐猴重约 500 克。它们几乎所有的时间都生活在树上，只有当树枝间距离较远、无法跨越时，它们才会下到地面。鼠狐猴们也会下来吃甲虫，然

环尾狐猴

在所有的狐猴中，社会化程度最高的是环尾狐猴。它们成群生活在马达加斯加的落叶林中，有时候一个群体的成员多达 50 只。它们主要在早晨和傍晚的时候出来活动，到了夜晚，就在高高的树上睡觉。

正午，一群环尾狐猴在带叶的枝条间休憩①。在出来活动的时候，环尾狐猴能够在树枝间大幅度地跳跃②，它们在跳跃的时候脚先着地。它们也很擅长攀爬。它们的四肢具有很强的抓握能力，能灵活地抓住斑驳的树干，也能沿着树枝轻松地爬行。环尾狐猴会把长有水果的枝条拉到面前，再用嘴啃咬③。它们的水分来源主要是水果和露水，不过它们也能把手伸进储有水的树洞中捧水喝。环尾狐猴是唯一一种大多数时间都在地面上度过的狐猴。幼崽依附在妈妈腹下生活了几周后，就会爬到妈妈的背上去④。

一只雌性狐猴正在表演双手倒立——它把背部抬起，在树上留下气味作为标记⑤。在一个群体中，两只富有侵略性的狐猴相遇是很常见的事情。雌性会联手对抗其他的雌性，它们盯视、拍击、四处跳跃，有时还会用它们的犬齿攻击对方。在仪式化的战斗中，雄性狐猴会把从手臂分泌出来的有浓烈气味的分泌物涂到它们的尾巴上，并把尾巴高高地举过头顶，不停晃动⑥，把自己的气味向对手的方向扇过去。黑白相间的环纹尾巴很富有视觉冲击力，具有很强的装饰效果⑦。

后再回到安全的树梢上。较小的鼠狐猴会在树洞中筑巢，并用树叶"装修"自己的家。在干旱季节里，一些鼠狐猴会进入蛰伏状态。它们的"菜单"包括水果、树液、昆虫和小型脊椎动物。科氏倭狐猴还会舔食臭虫的分泌物。

与敏捷的鼠狐猴不一样，倭狐猴行动缓慢，它们会小心翼翼地从一根树枝爬到另一根树枝上。一些倭狐猴把脂肪储存在尾巴里，在干旱的季节里，它们会一觉睡上好几个月。在夜晚，它们会独自出来进食，吃水果和昆虫的汁液，以及树液。与大多数的灵长目动物不同，雌性倭狐猴一次会产下 2 ～ 3 只幼崽。

大狐猴科

大狐猴科中包含四个种类：大狐猴、维氏冕狐猴、冕狐猴和毛狐猴。冕狐猴的大小类似猴子，擅长跳跃，口鼻部又短又宽，手掌和脚掌都很宽大，适于抓握树枝。大狐猴的尾巴较短，而冕狐猴有着长长的、蓬松浓密的尾巴。它们以小群体的形式生活在一起。白天，它们喜欢从一根竖直的树干或者树枝，跳到另一根树干或者树枝上。它们的身体在树枝上显得非常轻盈，有时候，它们也会下到地面，跨过没有树木的地带。大狐猴能跳 10 米远。雌猴一胎只生一个幼崽，幼崽要长到 6 个月才能断奶，在这之前，母亲会一直把它背在背上。毛狐猴最小，而且是这个家族中唯一的夜行性动物。它们是灰褐色的，重约 1 千克。它们生活在茂密的森林中，白天的时间大多躲在树上。夜晚，毛狐猴会发出像口哨或鸟鸣一样的声音，向邻居宣告它们的存在。

▼ 这只维氏冕狐猴背着它的幼崽，爬到一株像仙人掌一样的植物上。和大多数大型狐猴一样，维氏冕狐猴在白天异常活跃。

吮手指的指猴

　　稀有的指猴是一种独居的夜行性动物。在茂密的森林中，它们在高高的树上用嫩枝建巢，独自栖息在里面。当夜幕降临后，它们才出去觅食。指猴的手指又长又细，第三根手指尤其瘦骨伶仃。它的耳朵很大，能够像雷达一样工作，外出觅食的指猴能够探测到昆虫幼虫在林地里和腐烂的树枝上移动的声音。它们会用自己的手指轻叩树枝，通过声音判断树枝里面是否藏有昆虫幼虫。如果有，它们就用自己那 6 厘米长的前牙把树皮凿开，然后把纤细的手指伸进去，把猎物揪出来。

进食

　　许多狐猴，比如普通狐猴、大狐猴和冕狐猴，都是植食性动物。它们主要吃水果、树叶和其他的植物组织，尽管不同品种的"菜单"略有差异。它们通常并不直接用手采摘食物，而是把带有食物的枝条送到嘴边。有一些种类会在各种不同的树木上觅食，而另外一些种类，比如红额狐猴，则只吃特定的几种树的树叶。

　　在潮湿的森林里，驯狐猴会用门牙咬下竹芽，并用牙齿撕去竹芽外面的纤维外皮，咀嚼里面的柔软组织。獴美狐猴主要舔食花蜜。夜行性的鼬狐猴主要吃树叶，顺带也吃几种花和水果。倭狐猴和鼠狐猴都是杂食动物，以各种各样的昆虫、植物和树液为食。指狐猴搜寻昆虫幼虫和水果，也吃树上像肿瘤一样的海绵状组织。

　　有一些狐猴是独居动物，比如倭狐猴，但大多数种类都以小型群体的形式生活在一起。红额狐猴的家庭大约有 10 个成员，家庭的"势力范围"很小，通常会与邻居的领地交叠在一起。驯狐猴也会组成小群体。但是鼬狐猴则更偏向于独居，它会与一个同类分享一个小家，每晚出去一次或多次，一起漫游、进食、休息，甚至互相修饰对方的皮毛。大狐猴通常也以家庭为单位生活在一起，在每一个家庭中，具有生育能力的雌性狐猴和雄性狐猴各一只。环尾狐猴以大家族的形式生活在一起。在家族中，雌性占主导地位，雄性要在交配季节里按等级秩序争夺交配权。雌性环尾狐猴会一直留在自己出生的群体中，但是，雄性会加入另外一个群体。在它们的一生中，会一次或多次更换群体。

▲ 这只大狐猴高高地翘起了嘴唇，发出了响亮的声音。重复的尖叫意味着有猛禽来临，而较为柔和的咕哝声则警示着来自下方的危险。在生气的时候，大狐猴还会吐唾沫。它们生活在森林中的各个高度，有时候甚至会到地面上吃土——这可能是为了帮助消化。

眼镜猴

　　眼镜猴有三个品种，菲律宾眼镜猴、邦加眼镜猴和西里伯斯眼镜猴，它们生活在印度尼西亚、菲律宾和马来西亚的东部地区。它们有着大大的耳朵、像茶碟一样的眼睛和长长的尾巴，是一种夜行性的灵长目动物，身体只有老鼠那么大。它们的口鼻部很短，没有湿润的尖端。它们的后腿特别长，适于在树林中跳跃。眼镜猴的听觉非常敏锐，夜视力也相当出色——它们的一只眼睛就比大脑还要重。虽然眼睛不能在眼窝里转动，但是它们的脑袋可以旋转180°。眼镜猴通过敏感的耳朵来定位猎物，并用那双大眼睛追踪猎物。它们会跳起来扑向猎物，把猎物扑倒，再狠狠地咬上一口。它们还能利用尖锐的牙齿嚼烂昆虫、蝎子和各种各样的节肢动物。它们也吃蜥蜴、毒蛇、鸟和蝙蝠。它们用尿液和胸腺分泌物来标记领地。眼镜猴之间的战争非常频繁，常常导致手指折断。

懒猴科

懒猴科中包含一群小型的夜行性灵长目动物。与猴子和猿不同的是，它们面部多毛，口鼻部湿润。它们的嗅觉发育得很好。懒猴科又分为两个亚科：婴猴亚科和懒猴亚科。

婴猴有着长长的尾巴，擅于跳跃，塞内加尔婴猴一跃能跳 7 米远。婴猴共有 6 个品种，从 60 克重的倭婴猴到 1.2 千克重的粗尾婴猴。它们长得很可爱，生活在非洲，主要以昆虫、水果和树液为食。婴猴能够灵巧地在树枝间移动，并通过大大的耳朵探测昆虫的活动，进而抓住它们。婴猴有时会用后腿夹住树枝，身体向前荡起，抓住昆虫。婴猴的社会化组织较为复杂。雌性和它的后代毫无争议地占据着自己的领地，而雄性需要为领地进行激烈的竞争。雄性"领袖"会尽可能与一个或多个群体中的雌性进行交配。小婴猴需要经过一段时间的锻炼，才有机会尝试挑战领袖的地位。婴猴在夜里通过叫声交流，而且它们也用尿液标记领地，这一点与懒猴一样。

树熊猴和懒猴都属于懒猴亚科。它们的尾巴都很短，爬树的速度缓慢。树熊猴生活在非洲，而懒猴生活在亚洲。它们小心翼翼地在树枝间移动，手脚像钳子一样紧紧抓住树枝。它们在浓密的植被间移动，这便于隐藏自己。树熊猴和懒猴都能嗅出爬行缓慢的猎物——通常是多毛的、气味大的动物，比如甲虫、蝴蝶等。为了保护自己，有的懒猴会把自己蜷缩成一个球，只把短短的尾巴伸在外面。当攻击者翻动它的尾巴时，它就会迅速地狠咬一口。

◄ 尽管看起来有些愁眉苦脸的，但实际上，这种生活在斯里兰卡和印度的懒猴是一种冷酷、敏捷的夜行捕猎者。它在树枝间缓慢地移动，嗅出昆虫、蜥蜴的藏身之地，并狼吞虎咽地把猎物吃掉。这是一种独居的领地性动物，它会把自己的四肢浸泡在尿液中，然后一边走一边留下自己的气味。

猴子

伶猴与吼猴狂野的叫声回荡在亚马孙河上。在中非，尖叫声、啸叫声和呼噜声泄露了森林长尾猴的行踪。在加里曼丹（世界第三大岛）的红树林中回响着长鼻猴那滑稽的、宛如音乐厅中的喇叭般的叫声。

猴子可分为南美洲的新大陆猴类（阔鼻猴次目）和来自亚洲及非洲的旧大陆猴类（狭鼻猴次目）两类。新大陆猴又包括两个科，分别是狨科和卷尾猴科。而旧大陆猴只有一个科，即猴科。

新大陆猴类都在树顶上生活。它们擅长爬树，许多猴子都长着盘卷（适于抓握）的尾巴，能够帮助它们在树上攀爬。旧大陆猴类则栖息在非洲大多数地区以及亚洲温暖的地域。它们没有盘卷的尾巴，而且生活习性各不相同。

狨科

狨猴亚科的动物和跳猴大多生活在热带森林中，体形小巧，长得像松鼠。它们体貌相似，不过跳猴要稍微大一点。它们由一对雌猴和雄猴及后代组成多达15个成员的家族式群居团体。它们主要吃水果和昆虫，也吃蜘蛛、蜗牛、青蛙和蜥蜴，以及树胶、树液和树乳（树的分泌物）。狨非常擅长吞食

▲ 红色吼猴正在吼叫，它的叫声能传到1千米远的地方。吼猴之间用声音联系，一群吼猴能够知道自己邻居的位置，从而避免了在白天发生正面冲突。

你知道吗？

屁股上的色斑

在休息的时候，所有非洲和亚洲的猴子都会挺直上身坐在那里。它们身上有些地方的部分皮肤很粗糙，这些地方被称为坐骨胼胝或者臀垫。类人猿则没有臀垫，必须用树叶筑巢，这样晚上才有舒服的地方睡觉。

雌性狒狒和一些猕猴的屁股附近有亮丽的色斑。当它们准备好交配时，就用这些色斑来吸引雄性。

▲ 这只棉顶狨是哥伦比亚的一种稀有猴类。棉顶狨浑身都裹着光滑的丝状皮毛，而且会呈现出多种图案和颜色。它们通常都长着冠毛、髭毛、鬓毛和簇生毛。它们的尾巴很长，但不具备抓握能力。它们的拇指也不能抓握。

树胶。和绢毛猴不同，它们长着边缘呈斜铲状的大门齿，可以插入树皮，使树胶流出来易于舔食。

卷尾猴科

卷尾猴科大约包括30种猴子，是新大陆猴类中最大的一科。它们各方面的情况都不太一样，其中还包括唯一拥有盘卷型尾巴的灵长类猴子。戴帽猴也是成群生活在一起，每群有10～30只雌雄猴子。它们的尾巴尖是半盘卷状，在吃花朵、果实、树叶、昆虫以及小型脊椎动物时，就靠着半盘卷的尾巴尖将自己固定在一个点上。小巧敏捷的松鼠猴拥有强烈的好奇心。它们成群生活在一起，有时在一个群体中可以有多达100只的松鼠猴，但是它们并不是领地性动物。成年雄猴会在交配季节加入雌猴和小猴当中。

伶猴以小家庭为生活单元，夜里就将它们那悬荡的尾巴彼此纠结在一起，挤在一根树枝上睡觉。秃猴只生活在亚马孙河上游被淹没的沼泽区域之中。它们的尾巴很短，但非常擅长跳跃。赤秃猴长着栗子色的皮肤，裸露的鲜红色面颊以及毛发稀疏的前额和头顶。

吼猴和蜘蛛猴

当太阳升起，每一群居住在同一领地中的吼猴都开始大声嚎叫起来。吼猴是一种大型的猴子，长着盘卷的尾巴。它们通过喉咙舌骨中的一个骨腔发出洪亮的叫声，这个扩张的身体构造就像是一个共鸣器。雄猴的舌骨特别大。

　　蜘蛛猴不但长着适于抓握的尾巴，而且还有长长的手臂以及灵活的肩关节，使它们能够在树枝间节节向上地攀爬（真正的臂膀）。它们成群生活在一起，每群大约有 20 只，成年雄猴可以支配几只雌猴。在寻找成熟的水果和树叶时，它们会分成几个小群体。

猴科

　　从重达 50 千克的狒狒到松鼠大小的侏长尾猴，旧大陆猴种类繁多且极易混淆。猴科中约有 45 种"典型"的猴子，其中疣猴亚科包括 30 多种猴子。

观察鼻子

　　你要怎样才能分辨出新大陆猴和旧大陆猴的不同之处呢？一个最快的方法就是检查它们的鼻子。像赤秃猴（左边）这样的新大陆猴的鼻子是宽的，两个鼻孔的间距较大，而且鼻孔外翻。但像白腹长尾猴（右边）这样的旧大陆猴通常都长着窄窄的鼻子，鼻孔也很窄，两个鼻孔靠得很近，而且鼻孔朝下。

▲ 松鼠猴拖着长长的尾巴，正在表演壮观的跳跃。狂躁的松鼠猴会成群地争夺树冠，从它们的藏身之地拣食昆虫。它们用一种令人惊讶的速度飞跃起来抓获昆虫、寻找水果和水。它们那锐利的牙齿能够迅速地捕获猎物。

◀ 夜猴是唯一一种在夜晚活动的猴子。它们白天躲藏在树洞里或者藤蔓的枝结里，晚上才出来吃水果，抓昆虫。

▲ 这只雌性僧面猴坐在一根粗粗的藤上，正在往嘴里塞水果。僧面猴体形中等，鼻子很宽，蓬松的毛发在前额形成了一个突起，就像留了一个怪异的刘海。它们以小家庭群体的形式或者成对生活在一起。

水果是它们的主要食物，但是它们也会吃各种不同的植物，如种子、鳞茎、树根和树叶。这些典型种类的猴子在能捉到昆虫、蜗牛、鱼、螃蟹、蜥蜴、鸟和哺乳动物时也会吃肉。它们的拇指很发达，具有很好的抓握能力，后牙附近的颊袋可以存满食物。但是疣猴亚科的猴子差不多都没有拇指或者颊袋。

大开眼界

微型猴子

最小的猴子是侏狨，它长约 12 厘米，重约 100 克。最大的猴子是山魈，肩高 50 厘米，重约 50 千克。一种被称为"墨猴"的猴子，据说是古代中国文人所饲养，身量极小，可以蜷缩在笔筒内，并为主人研墨，待到主人离去，还会伸舌将砚中余墨舔个精光。

狒狒

　　狒狒是一种体形与狗相似、口鼻部长而突出的大型猴类。雄性狒狒的体形是雌性的两倍大，下颌及可以起到防御作用的犬牙也更大。最常见的种类是热带大草原上的狒狒，它们成群地生活在一起，有好几个不同的种类——南非大狒狒、东非狒狒、几内亚狒狒和非洲黄狒狒。目前已鉴定的狒狒大约有30个亚种，尽管也有人认为它们分属于5个独立种。狒狒长了一口臼齿，

狡猾的猴子

　　由于猴子以聪明而闻名，所以，有一些猴子被训练出来帮助人类工作。例如戴帽猿经过训练可以做很多事情，事实证明它们是一些残疾人的好帮手。它们可以做家务活、拿取物品、携带物品、开门、拾起电话、用匙喂食以及帮人梳头。在泰国和其他一些地方生长着很多椰树，于是人们训练猕猴爬上高高的椰树，把椰子从上往下扔。

　　一直以来，恒河猴都被用来做科学试验。它们知道如何把棍棒当作工具，从水管底下找回酸乳酪。在智力测试中，恒河猴似乎比松鼠猴、狨、猫和松鼠的智力高。

　　▲ 这对绒毛猴挂在树枝上荡来荡去，样子就像一种叫作"九连环"的玩具。它们熟练地使用着自己那粗粗的便于抓握的尾巴。这些毛发浓密的大型猴子在树冠上小心翼翼地移动。它们会结成小群生活在一起，每群约有12只雌猴和雄猴。它们成熟的水果和树叶为食。

▲ 像这只长尾食蟹猴一样，旧大陆猴长着有力的下颌。雄猴的犬牙特别长。在一群短尾猿中，可能有好几只雄猴，或者一只雄猴与不同地位的雌猴。

▲ 狒狒拥有亮红色的胸部和颈部色斑，因此很容易被分辨出来。它们生活在埃塞俄比亚高地上陡峭的岩石峡谷中，并到附近的山地草地上觅食。雄性体形大，长有鬃毛。

印度小公民

长尾叶猴生活在印度北部城镇那炎热的、尘埃弥漫的街道上。一只大型的成年雄猴会保护整个猴群，并和雌猴交配。

①你把我抓伤了！
长尾叶猴的核心群体是由有亲缘关系的雌猴组成的，它们终生都生活在同一个猴群中。大多数时间它们都在进食以及喂养小猴。

②疲倦的叶猴
对印度人来说，长尾叶猴是一种神圣的动物。在城镇和寺庙附近，它们从不害怕人类，而且有足够的食物。但是一些猴子却妨碍了道路交通。

③跳跃的猴子
当长尾叶猴在树梢尖跳跃时，它们那长长的尾巴就像船舵和气闸一样。它们的手指和脚趾都很长，适合攀爬、跳跃，不过，它们大多数时间都是在地上度过的。

④薄饼日
村子里的人通常会从他们的窗户向外扔一些薄煎饼，叶猴会迅速跳过去抢煎饼。叶猴也会在人们的花园里偷取树上的水果、花朵或偷盗食物。

⑤漂亮的小家伙
成群的单身雄猴跑进城镇里，挑衅那些常驻在城镇中的处于生育年龄的雄猴。有时候，它们会联合起来驱逐已经建立了巩固地位的雄猴。

⑥决定性冲突
猴群中的领袖总会行使它的保护职责，最终都会为了保住自己的地位被迫战斗。新的猴群领袖会试图杀死猴群中所有的小猴，并迅速地与雌猴交配，生下它们自己的小猴。

能咀嚼大量的草。它们也会挖掘树根和鳞茎，有时也会杀死野兔和瞪羚的幼崽。拥有银灰色皮毛、白色鬓须、红红的脸和臀部的成年雄性阿拉伯狒狒要比雌性狒狒更加惹人注目。在埃塞俄比亚的高原上，占支配地位的雄性阿拉伯狒狒用咬住对方脖颈的方式来管束它的妻妾和子女，并防止其他雄性的入侵。生活在埃塞俄比亚高原上的另一种狮尾狒是吃草和种子的专家，它们能够用拇指和食指将草叶捻断。居住在西非森林里的雄性山魈长着红蓝相间的鼻子和橙色的腮须，它们的背部会呈现出红、蓝和紫罗兰色。

▲ 白臀长尾猴生活在中非和东非的沼泽林里。在所有的猴子中，它们的胡须可能是最好看的。每一种长尾猴都具有明显的面部特征。许多长尾猴都很漂亮，皮毛呈现出各种不同的颜色，还有腮须和长长的胡子。

▲ 西非森林的树梢上，是戴安娜长尾猴的家园。这些漂亮的长尾猴用叫声来宣布自己的领地，并悬挂在树枝上，展示它们那光滑的红黄色相间的屁股。

猕猴和白眉猴

猕猴体格健壮、体形中等，多见于亚洲且栖息范围广泛。其中一种叟猴主要生活在阿尔及利亚、摩洛哥和直布罗陀。它并不是一种真正的猿，但它和猿一样体形粗短而且没有尾巴。它厚厚的皮毛和没有尾巴的特征，使它们能在阿特拉斯山脉多雪的环境中生存下来。日本猕猴的毛发同样粗浓，尾巴很短，适应了日本北部地区的寒冬。白眉猴与狒狒的亲缘关系较近，主要生活在森林的深处。它们长着长长的尾巴，有力的门牙能够咬碎坚硬的种子和坚果。

长尾猴

长尾猴是一种典型的猴子，生活在非洲的森林中。分布广泛的黑长尾猴又被称作绿猴。这种猴子是绿色的，尾巴很长，面部呈黑色，雌猴和雄猴成群生活在一起。雄猴比雌猴大一些，阴囊呈天蓝色，阴茎呈红色。一天中的大多数时间，黑长尾猴都待在地上，但在树上睡觉。大多数长尾猴都生活在树上，它们用熟练的技巧在树上四处跳跃。不同种的长尾猴在森林里占据着不同的区域，从而减少了相互之间的争斗。橙红色的赤猴腿很长，在地面上度过白天，它们通常生活在干燥的南美大草原上。在逃避捕食者时，它们的速度可以高达每小时 55 千米。侏长尾猴会爬上红树、沼泽和被洪水淹没的森林中低处的树枝，它们甚至会跳进河里游泳，深深潜入水中以摆脱捕食者。有时，它们会与好看的白腹长尾猴以及髭长尾猴分享低处的领地，它们也会在高一些的地方觅食。纤瘦的戴安娜长尾猴和体形稍大的白鼻猴占据着树冠。

疣猴

疣猴亚科中的猴子通常都比它们的亲戚要瘦一些。由于它

▲ 这群赤猴正弯下腰饮水。它们生活在非常干燥的地区，因此会在任何可以喝到水的时候饮水。每一群赤猴中都有好几只雌猴和小猴，猴群由一只年迈的雄猴带领着。

▲ 红绿疣猴在大多数时候都待在自己位于树梢上的家里，只是间或到地面上吃白蚁窝或土壤。这可能是一种它们为自己补充特殊矿物质的方法。

们没有颊袋，而且长着大大的唾液腺和一个分成几个室的胃，因此很容易把它们同猴亚科的动物区分开来。这类猴子中的多数成员都生活在亚洲，但是疣猴却生活在非洲。疣猴是一种群居的大型猴类，分为好几个不同的种，皮毛的疏密和颜色及尾巴的形状都不一样。它们很少从树上下来，总是在树上靠四足行动，有时会在树枝上摇来摇去或者跳跃——它们经常借助树枝的弹力飞跃。一只雄猴会带领几只雌猴寻找树叶、水果和花朵。黑白疣猴通常只在一小片区域内吃有限的几种食物。红绿疣猴比黑白疣猴小，也是成群生活在一起，以水果、花朵和树叶为食，但在进食的时候，通常会到多种树上觅食。

长鼻猴和叶猴

在加里曼丹的红树林沼泽中，人们凭借长鼻猴的鼻子就能很容易地将它们辨认出来。雌猴

▲ 人们并不知道雄性长鼻猴的鼻子（左图）的功能。不过，当它们发出叫声时，它们的鼻子会伸直，使声音放大。雌猴的鼻子（右图）要小得多。

的狮子鼻上翻，而雄猴的狮子鼻则是雌猴的两倍大。它们吃嫩树枝和树叶，有时用花朵和水果作为补充。每群猴子大约有 20 只，其中包括好几只雄猴。如果遇到危险，它们会潜入水中，在水下游泳。它们甚至还能游泳靠近新的取食地点。叶猴体形中等，有长长的尾巴和长长的后腿。它们生活在树上，吃树叶和水果、根以及块茎。长尾叶猴主要生活在地上，但其他叶猴则在树上靠四足在树枝中穿行、跳跃。它们成群生活在一起，每群猴子主要是由雌猴和幼猴组成的，只有一两只成年雄猴。

猿

一只非洲森林中的黑猩猩，正在高高的林中，显示它那非同一般的创造力和动手能力。它伸手去够树叶，并用敏捷的手指采摘树叶。然后，它把一片树叶按在另一片树叶上，把所有树叶层叠在一起，再把这些叶子推入一个窄窄的树洞中。这个凑合的"海绵"能吸收树洞中的水——这已足够黑猩猩饮用了。

类人猿比猴子聪明，它们胸部发达，没有尾巴，是人类的近亲。类人猿分两类，一类是小猿（长臂猿），一类是大猿（黑猩猩、大猩猩、猩猩）。

瘦长的长臂猿

在所有的类人猿中，长臂猿的体形最纤瘦。它们都是优秀的空中杂技表演家，能够在林中的树枝上荡来荡去，显得异常敏捷。它们的手臂轮流抓握树枝，从一根树枝跃到另一根树枝上。长长的手臂，以及长长的、像钩一样的手，能够帮助它们移动。在全速飞跃的时候，它们的速度快得令人难以置信。它们在细细的树枝上觅食，主要吃果实。它们用拇指和食指捏住果实，并将果实从树枝上摘下来。

在长臂猿中有9个种类，它们都生活在东南亚的森林中，看起来都非常相似——长臂、浑身多毛、深色的面部无毛。不过，它们的大小和皮毛颜色都不同。有一些种类，例如白眉长臂猿，

▲ 长臂猿过着"一夫一妻制"的生活，每两到三年它们会生育一头幼崽。图中，这只雌性的白掌长臂猿正抱着它的孩子。小长臂猿直到一岁左右才会断奶。

雄性的皮毛颜色与雌性的截然不同。有时，即使在同一个种类中，由于生活的地方不同，皮毛的颜色也不一样。最大的长臂猿是马来亚长臂猿，它们的叫声也是很大的。雄性马来亚长臂猿的尖叫声和雌性马来亚长臂猿的吼叫声，经过大大的喉囊被放大。其他长臂猿的叫声也千差万别，有哨声、枭叫声、咕哝声、颤声等，而且这些叫声通常都是雌雄二重奏。通过这些叫声，能识别出不同的种类。

▲ 银灰色的皮毛、深色的头顶和面颊，这些都是银白长臂猿的特征。不同种类的长臂猿，拥有不同的皮毛颜色、不同的面部斑纹，以及不同的叫声。通过叫声，可以判断长臂猿的种类。

▲ 这只雌性的白眉长臂猿有着金色的毛皮。但是，雄性白眉长臂猿的皮毛是黑色的。长臂猿擅长用两腿行走，还能在粗粗的树枝上奔跑。

▲ 这只马来亚长臂猿似乎正在吞咽一块大大的奶酪。但实际上，在它喉咙上凸起的这一部分是喉袋。当雄性和雌性用叫声表演"二重奏"时，喉袋会鼓起来。长臂猿用叫声来宣布对领地的占有。雌性和雄性也用叫声来强化彼此的关系。

你知道吗？

大猩猩的生存之战

类人猿曾经遍布非洲、东南亚，但如今，它们只小范围地分布在一些地区，而且必须为生存战斗。类人猿主要生活在森林里。由于森林面积的大量减少、人类的侵犯和偷猎，使它们饱受煎熬。例如黑猩猩和猩猩被人们猎捕、售卖，作为宠物或者用来娱乐。大猩猩被猎杀，它们的肉被食用，身体的其他部分（例如骨骼）被用作药材或者制作装饰品。

大开眼界

聪明的黑猩猩

野生黑猩猩天生就有很强的好奇心和创造力。它们能够灵活解决各种日常生活中的问题，甚至还会使用工具。被驯养的黑猩猩经过训练后，能使用各种各样的工具，完成各种不同的任务。有一只名叫"奇塔"（Cheeta）的黑猩猩，就拥有非凡的创造力。这只黑猩猩经验丰富，是好莱坞的明星。它曾经出现在《人猿泰山》和其他一系列受欢迎的电影中。这只黑猩猩于2011年去世，享年80岁。

黑猩猩和倭黑猩猩

根据遗传学，黑猩猩是人类的近亲，因为它们的 DNA 与我们人类的非常相似。黑猩猩也有两类——黑猩猩和倭黑猩猩。倭黑猩猩生活在非洲西部（主要在刚果地区）茂密的雨林中。黑猩猩主要生活在中非和西非的森林里，以及林地周围开阔、干燥的草地上。

倭黑猩猩的头小，面部是黑色的，唇是粉红色的。与黑猩猩相比，它们的骨架较小，个头较高。雄性倭黑猩猩大约重40千克，并不比成年雄性黑猩猩轻多少。倭黑猩猩主要在树上进食，有时，它们也会到很远的地方去觅食。每天，它们会用几个小时来寻找成熟的果实，找到果实后，它们就会狼吞虎咽地吃下去。它们也吃树叶、花、种子、树脂、树皮和昆虫（尤其是白蚁和蚂蚁）。

黑猩猩偶尔也很喜欢吃鲜肉。在它们的猎物中，有猴子、猪，而且通常都吃活的。这些猎物一旦被一群成年雄性黑猩猩捉住，就会又踢又叫。如果黑猩猩被激怒了，它们就会把猎物杀掉。黑猩猩会一边尖叫，一边把猎物的肉一片片撕下来分享。黑猩猩体形健壮，手臂长而有力。它们的头顶是圆的，耳朵很大。除了臼齿，其他的牙齿都很大。雄性的体形比雌性大，犬齿也更大。它们用犬齿战斗。当雌性处于发情期时，它们生殖器附近的皮肤会变成粉红色，而且会肿胀。黑猩猩通常成群生活在一起，每群的数量约有 15 只，或者更多。有时候，在一个强大的群体中，甚至有 100 只黑猩猩。在一个大的黑猩猩群中，又有一些小群体。在每个小群体中，

面部表情

　　黑猩猩的面部表情非常丰富。一只激动的黑猩猩在吼叫的时候，会大大地张着嘴（右图）。黑猩猩的其他一些面部表情与它们的声音没有什么联系。例如如果它们紧闭着双唇，表示它们正处于惊恐的状态之中；如果它们缩回了双唇，露出紧闭的牙齿和粉红色的齿龈，那就表示它们正在威胁入侵者或者竞争对手。当它们噘起嘴唇的时候（左图）可能是表示友好或者屈服。

▲ 这只倭黑猩猩看起来就像一只黑猩猩，不过，它的面部颜色更深，四肢更长，体重较轻。直到 1933 年，倭黑猩猩才被单独归为一个种类。倭黑猩猩生活在刚果地区潮湿的森林中。它们成群生活在一起，雄性不会为了雌性竞争，因此，在倭黑猩猩的群体中，争斗很少发生。

有雄性、雌性，还有一些不同年龄的幼崽。雄性黑猩猩从一出生开始，自始至终都待在同一个群体中。但雌性黑猩猩到了青春期后，会迁徙到新的群体中去。

猩猩

　　猩猩也称黄猩猩，毛发蓬松，呈橘子色，生活在苏门答腊岛、马来西亚和印度尼西亚的部分地区，它是亚洲唯一的一种大猿。在马来西亚，人们称它们为"野人"。这种大型动物生活在树上，手臂很长，能在树上来来回回自由移动。它们并不会在树枝间迅速地荡来荡去，而是用四肢在树枝上慢慢爬行。雄性猩猩重约 90 千克，大小相当于雌性的两倍。一头成熟的、处于生育期中的雄性猩猩异常强壮，有大大的凸面，还有一个喉袋。猩猩有两个亚种：苏门答腊猩猩和婆罗猩猩。它们看起来有些区别。婆罗猩猩是圆脸，而苏门答腊猩猩是长脸。与婆罗猩猩相比，苏门答腊猩猩体形较瘦，多毛，而且

这只雌性婆罗猩猩用强劲有力的手
牢牢抓住树枝，托着它的孩子。小猩猩
在 3 岁左右就能独立，到了 7 岁左右就
可以离开妈妈了。

毛皮的颜色发灰。在苏门答腊猩猩中，雄性还有胡子。雄性猩猩一般独来独往，它们只在交配期才会与雌性相伴。雌性一般与自己的后代一起生活。

成年雄性猩猩都是领地性动物，它们用吼叫声来标识自己的位置。未成年的雄性猩猩可以和成年猩猩分享同一片领地，但它们不能干扰成年猩猩。只有到了 12 岁左右，一只年轻的雄性猩猩才有能力挑战一只处于生育期的、居统治地位的雄性猩猩。此时，年轻的雄性猩猩体积已

黑猩猩

在一处森林里的山谷中，有一片开阔的地带，这里生活着一群黑猩猩。黑猩猩的社会关系比较复杂。在每一群黑猩猩中，都有自己的等级秩序，而且它们彼此之间都拥有比较牢靠的关系。

①使用工具
一只年幼的黑猩猩正在看它的母亲如何用岩石将坚果敲裂。在有的地方，黑猩猩甚至还学会了如何使用工具。它们经常紧紧握着一块坚硬的岩石，这种石头有时候很难找到。年幼的黑猩猩通常要用好几年的时间来学习如何使用工具。

②还未成年
刚出生的黑猩猩弱小无助，它会紧紧依偎在母亲的腹部上。在 5 个月至 7 个月时，它会慢慢地从母亲的腹部挪到背上去。到了 4 岁时，它就会独立行走了，但是仍然会留在母亲附近。直到 5 ～ 7 岁，它才会远离母亲。

③娱乐时间
孩子们在母亲的监护下玩耍，以此来训练自己身体的协调感。小猩猩的面部是粉红色的，但是随着年龄的增长，颜色会逐渐加深。

④触摸
年幼的黑猩猩经常接近并触摸年长的黑猩猩。在它们交配的时候，雌性也会触摸成年的雄性黑猩猩。

⑤边界的巡逻
雄性黑猩猩经常成群地在领地边缘巡逻。它们坐着，聆听附近其他的雄性黑猩猩的叫声，互相对叫。如果发现邻居只是一只孤单的雄性黑猩猩，它们甚至会对这只孤单的黑猩猩实施攻击。看来，黑猩猩也欺负弱小啊。

⑥雄性的纽带
当雄性黑猩猩相互的攻击性减弱时，它们正在寻找伴侣。雄性黑猩猩会彼此为对方作修饰，以此强化自己的社会地位。通常只有当两只相似的雄性黑猩猩联合在一起时，它们才会互相为对方修饰。

⑦野外的叫声
黑猩猩不时地制造出嘈杂的叫声。在起床和睡觉之前，在找到很好的食物之后，以及在雷雨天气中，它们都会叫。

⑧尝一尝肉
果实是黑猩猩的主要食物，但是，它们也吃鲜花、树叶、种子、树脂、树皮和昆虫。雄性黑猩猩有时还会彼此合作，猎食疣猴。

⑨求爱时节
在发情期里，雌性黑猩猩会用肿胀的、粉红色的生殖器召唤雄性。每天，雌性黑猩猩会和不同的雄性黑猩猩交配 6 次左右。有时候，如果雄性黑猩猩想和雌性交配，它们会抓住树枝摇晃。

⑩树巢
夜里，黑猩猩会筑一个临时性的巢。它们会把几根树枝折弯，做成一个有弹性的"床垫"。

很庞大，并开始发育第二性征——凸面、喉袋。当成年雄性猩猩彼此相遇后，它们会进行富有攻击性的展示——鼓起喉袋，摇晃树枝。它们偶尔会相互殴打——抓住并撕咬对方。

　　猩猩白天很活跃，夜晚在巢穴中睡觉。它们的巢穴很大，是用树叶筑成的。它们主要吃果实，而且吃得很多。一只饥饿的猩猩可能会整天都待在树上吃杧果、无花果、木菠萝、榴梿和荔枝。它们擅长寻找果实。当风把榴梿的香味送过来，它们会循着这股味道找到榴梿；它们还

四处走走

类人猿早已适应了在树上和地面上的不同活动方式。
它们的手臂比腿长，在活动中起着重要作用。

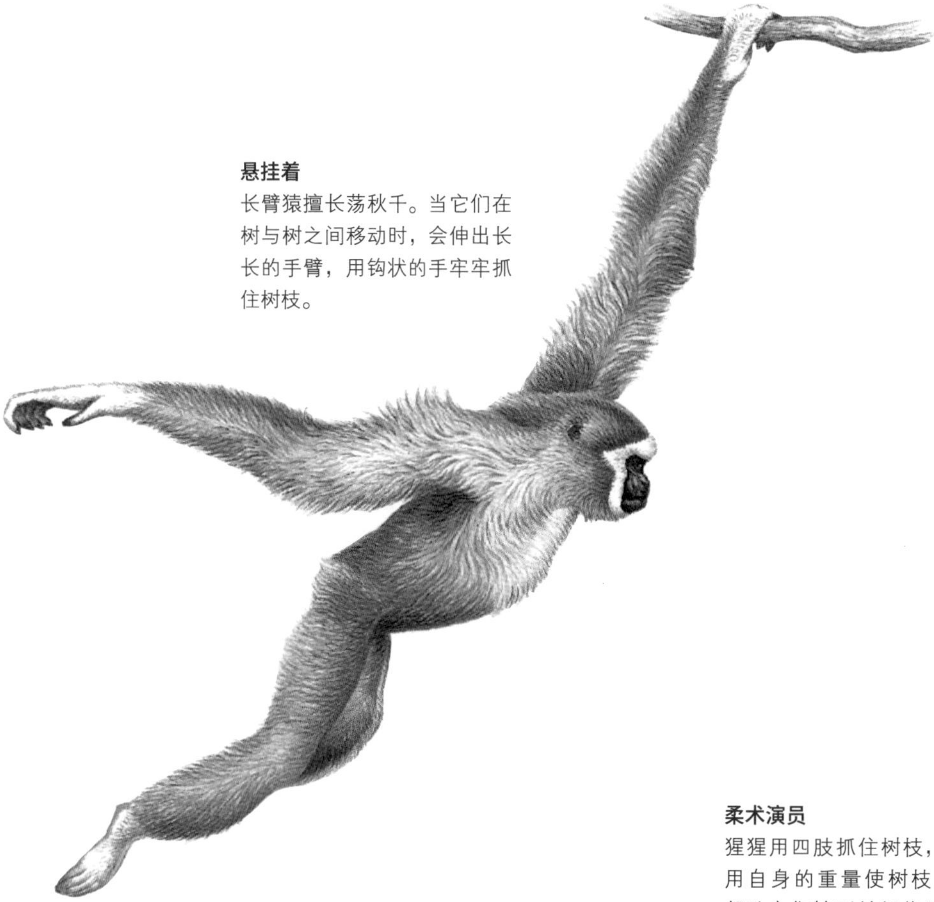

悬挂着
长臂猿擅长荡秋千。当它们在
树与树之间移动时，会伸出长
长的手臂，用钩状的手牢牢抓
住树枝。

柔术演员
猩猩用四肢抓住树枝，并利
用自身的重量使树枝弯曲，
帮助它们够到并抓住另一根
树枝。它们的手足巨大，呈
钩状，利于抓握。

四脚着地
大猩猩用四肢行走。它们的后
脚完全平撑在地面上，但两手
用指关节着地。

▲ 这只壮实的苏门答腊猩猩看起来很聪明，它正在炫耀自己那令人印象深刻的凸面、喉袋。雄性猩猩要到12岁左右才会发育出第二性征。此时，它们的体重大约是90千克。

▲ 雄性的低地大猩猩打呵欠是表示威胁。大猩猩还会通过直视进行挑衅。如果这样不成功的话，雄性大猩猩就会站立着，一边咆哮，一边捶打自己的胸部，同时还会撕扯身边的植物。

会跟随犀鸟和鸽子的踪迹找到果树。它们也会吃一些树叶和嫩枝，也会吃少量昆虫、树皮，偶尔还会吃小鸟或者小松鼠。为了饮水，它们会将多毛的手腕伸入盛满水的树洞中，水将腕上的毛浸湿，然后，它们从毛上吸水。

大猩猩

在灵长目中，大猩猩体形最大，而且完全生活在陆地上。在夜里，雌性大猩猩和年幼的大猩猩睡在树上的巢穴中，巢穴是用树叶筑成的；雄性大猩猩的体重比较重，它们睡在树底下。大猩猩有三个亚种：西部低地大猩猩，生活在中非、喀麦隆、加蓬、刚果、赤道几内亚的热带森林中；东部低地大猩猩，主要生活在刚果地区；山地大猩猩，主要生活在卢旺达、乌干达的山区中。

所有的大猩猩都体形粗壮，脑袋硕大，眼睛在厚厚的眉脊下，两眼距离很近。它们有小小的圆耳，宽宽的鼻子，鼻梁平坦。雄性大猩猩的头盖骨很高，头盖骨与结实的腭部肌肉连在一起。为了维持强大的体能，它们要用巨大的腭，进食大量的植物性食物。它们的长臂非常强健，腿又短又粗。它们的手掌很宽、手指很短，拇指的力量较弱。与黑猩猩相比，大猩猩的手臂较长，手和足较短，手掌和足掌较宽。大猩猩的皮毛颜色较深，通常是灰色或黑色的。而在成熟的、居统治地位的雄性大猩猩的背上，有一块银色的标识，呈鞍形，它们被称为银背大猩猩。它们的牙齿很大，尤其是臼齿。雄性大猩猩长有可怕的犬齿。

大猩猩以家族的形式生活在一起，在每个家族中，有一只完全成年的、居统治地位的银背大

两腿行走

雄性黑猩猩挥舞着树棍，用两条腿行走。当它们拿着食物时，也用两条腿走路。

大猩猩的家族

　　山地大猩猩以家族的形式生活在一起。在每一群山地大猩猩中，有一只银背大猩猩、几只成年的雌性大猩猩，以及未成年的猩猩。银背大猩猩是以家族为的中心，未成年的大猩猩在它的监护下玩耍。银背大猩猩还要负责保护整个家族。在它空闲的时候，雌性大猩猩会与它进行交配。

猩猩，几只雌性大猩猩，以及不同年龄的未成年大猩猩。雄性大猩猩一旦成年，就会离开家族，独自生活，直到它们拥有自己的"妻室"。它们有时会和已经确立了地位的银背大猩猩打架，为了争夺雌性而竞争。银背大猩猩会面对挑战，威胁、恐吓它的"敌人"，通过获胜来加深雌性大猩猩对自己的好印象。残酷的打斗很少见，不过，打斗通常会持续好几天，并可能最终以死亡宣告结束。年轻的雌性大猩猩也可能会离开自己的家族，与孤单的雄性大猩猩组成群体，或者加入其他家族中。每个家族的数量不等，有的只有两只大猩猩，有的则有 30 多只大猩猩。

大猩猩不常迁移，但它们总是会生活在食物丰沛的地方——那些树叶葱郁的林中。它们是"素食主义者"，以树叶、芽、根、茎、树液、块茎、枝干、树皮和果实为食。它们会从一个进食之地挪到另外一个进食之地，每天有 1 ～ 2 千米的行程。不过，这些进食之地都在它们的家园之内。每天，大猩猩会吃下大量食物，因此，它们每天都会按时排泄大量粪便，而且会频繁地放屁。

海狮和海豹

几乎在世界各地的海洋里都能看到海豹的身影，在寒冷的水域尤为集中。在海里，它们是优雅的猎人，身上厚厚的脂肪保护着内脏。但是一上陆地，它们那肥胖的身体就成了沉重的负担。

鳍足目中包含一大群海洋哺乳动物。在这个目中有三个家族，分别是以海狮和海狗而闻名的海狮科、海豹科，以及海象科。

海象长着巨牙，在家族中显得鹤立鸡群。但是所有的鳍足目动物在看第一眼的时候都很相似，它们都有着肥胖的、流线型的、覆盖着毛皮的身体，都长有鳍状肢和腮须。但是近距离地观察，就能发现海狮与海豹之间的一些不同。最明显的差别是，海狮有外耳，而海豹没有。海豹也有耳朵，

◀ 这头正在潜水的僧海豹闭上了鼻孔，屏住了呼吸。海狮潜一次水只能持续几分钟，但是海豹潜水的时间要长得多。在潜水的时候，海豹会释放出肺中的空气，使肺缩小，这样它们就不会浮起来。

但是从皮肤表面看只是两个小洞。海狮和海豹都擅长游泳，但它们的游泳技巧却不太一样。海狮用前面的鳍状肢当桨，以一种类似于划船的方式在水中前进，而且它们似乎会利用后肢来掌舵。而海豹则用宽大的后肢划水，同时摆动着强有力的尾部。海豹游泳的时候，前肢自然地垂在身体下方，但它们也有可能用来转弯。海象游泳的动力主要源于后肢，尽管前肢也起一定的辅助作用。

海狮

在海狮家族中，共有 14 个种类——其中 9 种是海狗，5 种是海狮。它们能够骄傲地站立在陆地上，用有力的前肢来支撑身体的重量，而后肢在身体下面朝前翻转着。海狮在陆地上行动敏捷而迅速。例如在岩石海岸上，海狗的行动速度比人还要快。在缓步慢行时，它们会蹒跚地前进，交替挪动两只前肢，并且只用脚跟着地。在疾驰的时候，海狗的前肢会一起向前移动，当后肢跟上来的时候，海狗就会以前肢为支撑，将身体弓起来。海狮长得比海狗稍大一些，口鼻部更为突出，而海狗长着更加浓密的绒毛。在这两种动物中，雄性都比雌性大。雄性北海狮的重量可比雌性重 5 倍。

▲ 数不清的南方海狗聚集在南乔治亚的海岸上。尽管在海水中进食，但是所有的鳍足目动物都会来到陆地或者冰面上生产。强壮的雄性会通过战斗将雌性留在自己的领地之内。交配之后，雌性会返回海水中去觅食，并在捕猎的间歇哺育幼崽。

▲ 一头生活在加利福尼亚的雄海狮正在消遣它那发育良好的、敏感的腮须。腮须可以用来探测振动，是海狮重要的捕食工具。在雄性海狮之间，靠展示体形大小就可以解决纷争。

海牛

在海牛目中，现存 4 个种类，分别是儒艮和 3 种海牛。

西印度海牛和西非海牛主要生活在海滨的浅水和河流中，以及西非、美国南部、加勒比海和南美洲北部的河口之中。这两种海牛都是灰褐色的，有着圆形的像桨一样的尾巴，前面的鳍状肢上长着指甲。它们会挖掘沉积物，从中获得水生植物富含碳水化合物的根状茎。亚马孙海牛（左图）无法在盐水中生活，而是以亚马孙河及其支流中漂浮的水草为食。与其他的海牛相比，它们的口鼻部不那么尖锐，适合在水面进食。当水生植物稀少的时候，它们就靠身体内的鲸脂获得能量。儒艮（右图）是不折不扣的海生动物，生活在东非、亚洲、澳大利亚和新几内亚的热带水域中。它们在滨海处的海床上挖掘海草的根状茎为食。儒艮的尾巴边缘有一个凹陷，雄性长着一对小小的牙齿。

海牛和儒艮的肉非常美味，因此成为人类猎杀的对象。好在近年来保护政策的实行，使人类的捕猎行为得到了控制。

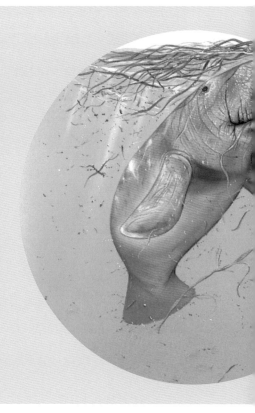

海狮生活在温带或亚温带地区，它们捕食鱼类、软体动物、甲壳动物，以及其他任何能够在海床上或者开阔的水域中找到的猎物。新西兰海狮的猎物还包括企鹅，北海狮有时候还会猎杀海狗的幼崽。南极海狗主要以磷虾为食，这种海狗生活在邻近结冰的水域，但是海狗和海狮都不会在冰上生活。海狮家族属于一夫多妻制，处于繁殖期的雄性海狮可以霸占一群妻妾。在繁殖季节里，海狮会来到遥远的海岸上。远离捕食者的安全地点非常稀少，所以空间对它们来说十分宝贵。雌海狮会紧密地聚集在一起，但是富有攻击性的雄海狮会互相敬而远之。有一些雄海狮身边一个雌性都没有，而成功的雄海狮能够吸引很多雌性。体形最大的雄海狮

北极圈的暗杀者

软体动物，尤其是像蛤蜊和贻贝这样的双壳类动物是海象的主要食物。虾、螃蟹、蜗牛、虫子、章鱼和一些鱼类也是海象的食物。海象利用自己异常敏感的长满腮须的口鼻部，在进食区黑暗的水域和泥泞的沉积物中搜寻食物。这些腮须非常重要，因为在北极的冬季，海象不得不在完全黑暗的环境中进食。嘴巴坚韧的上部是用来挖掘软体动物和无脊椎动物的。海象并不会用长长的牙齿去挖掘蛤蜊，而是会将高压水柱喷入猎物躲藏的洞穴中，从而使猎物暴露出来。

▲ 雄性海象的牙比雌性的大。牙齿主要被用来掘冰，而不是战斗，但是海象也会用牙齿来帮助建立统治地位，并显示自己的年龄和繁殖能力。

▲ 为了在冰冻的南极家园中减少热量的散失，这些锯齿海豹以及很多其他的海豹，都有一层肥厚的脂肪组织（鲸脂）和具有隔离作用的皮毛。这些鲸脂也被当作食物储备。海狗的绒毛尤其厚密，上面有一层由脂肪腺分泌出来的油脂，这使得皮毛既防水又保暖。

你知道吗？

欺诈的牙齿

海象以软体动物为食，但是大约每1000头海象中，就有1头吃肉。因纽特人很害怕它们，就像害怕北极熊一样。因为它们会攻击站在浮冰上的人或者一艘小船。它们喜欢的攻击方式是在一艘船的旁边突然钻出水面，用它们的长牙钩住船的边缘，使船倾覆。然后，海象用前肢将受害者压扁，用牙齿将他撕成碎片。我们可以通过带有暗黄色斑点的牙齿来认出食人的海象——这些斑点是它们猎杀之后留下来的证据。在它们身上，通常还会有一些刮擦的痕迹。

往往能够成为最成功的海狮，因为大块头有助于它们建立并保卫自己在海岸上的领地。与尽可能多的雌海狮进行交配也需要体力，因为交配期间它们不能离开岗位去进食。雄海狮会富有攻击性地保卫自己的领地，并频繁地向自己的邻居、其他的雄海狮进行炫耀。当一位新来者试图建立自己的领地时，通常会爆发一场战争。小海狮时常面临被决心诉诸暴力的雄海狮笨拙地踩到的危险。海豹却是一个像芭蕾舞演员一样优雅的游泳者和潜水者。海豹科共有18种海豹，从1.2米长的环斑海豹到近5米长的雄性南方象海豹。它们还可以再被细分为两个亚科：僧海豹亚科，包括僧海豹、象海豹和南极海豹；海豹亚科，包括环斑海豹、髯海豹、冠

▲ 这只 8 天大的格陵兰海豹正在吸吮母亲富含脂肪的乳汁。幼崽的体外覆盖着一层乳白色的皮毛，被称为胎毛。在两到三周之后，这层胎毛就会被真正的外衣所取代。

海豹和灰海豹。

　　有些海豹在进食方面堪称专家。例如，在南极的水域中，锯齿海豹能够吞下好几吨磷虾，豹形海豹则以企鹅和其他海豹为食。在北极地区，环斑海豹吃小鱼和甲壳类动物，斑海豹则在浅水中捕食大鱼。罗斯海豹在深水中觅食鱿鱼，髯海豹食用栖息在海底的软体动物和磷虾——这种进食习惯在海豹中颇为独特。

　　雄性海豹和雌性海豹的体形大小一般大致相同，尽管雌性的韦德尔海豹、豹形海豹和僧海豹都比雄性稍大一点。与此相反的是，雄性的冠海豹、象海豹和灰海豹要比雌性大一些。这几种海豹的雄性都有可充气的鼻膜"气球"，可以用来进行富有攻击性的展示。

　　大多数海豹都在水中交配，但是象海豹和

▲ "伙计，你在看我吗？"两头年幼的雄性象海豹正在练习"拳击"。成年的雄性象海豹有着大大的、像大象鼻子一样的长鼻子，它们的脖子上还长着厚实的毛，能够承受重击。

灰海豹在陆地上交配。雄性海豹会与任何能够接纳自己的雌性海豹交配。有些雄海豹会和大量的雌海豹交配，并保护自己的领地，以增加繁殖的机会。韦德尔海豹会保护自己在水中的狭长领地，在这里，雌性和幼崽沿着冰缝聚集在一起。在陆地上，处于统治地位的雄性象海豹会保卫成群的雌海豹免受其他雄性的骚扰。有些雄性灰海豹会击退对手，将雌性留在自己的领地之内。其他一些灰海豹则会容忍对手，并与能够接纳自己的任何雌性进行交配。不管是哪一种繁殖体系，都只有一部分雄性能够成为成功的繁殖者。

在内陆水域中生活着两种海豹。贝加尔海豹生活在俄罗斯的贝加尔湖中。这个湖泊距离大海 1600 多千米，全年中有一半的时间是结冰的。身长 1.2 米的贝加尔海豹被认为是在冰河时期，从北极地区经由河流来到贝加尔湖的。里海海豹生活在里海之中，和贝加尔海豹一样，它也是环斑海豹的近亲。

冰面上的诱惑

　　这头豹形海豹就像一条无腿的蠕蜥一样，扭动着身体进入了一条南极的溪流。在陆地上，3 米长的豹形海豹会像蛆一样难看地移动，但是在海水中，它们是敏捷而有力的捕食者——它们会贪婪地捕杀企鹅和其他海豹。这种海豹会在海滨处巡游，并埋伏在浮冰下面静候潜入水中的企鹅。

海象

海象生活在北极的水域以及冰封的海洋里。它们是大块头的、粗壮的哺乳动物，有着明显的腮须和长长的牙。成年雄性海象能长到 3 米多长，体重可达 1000 千克。海象的一个亚种——太平洋海象的雄性能长到 4.2 米长。海象是天生的群居动物，以庞大的群体生活在一起，它们经常横七竖八地躺在冰面或者海岸上。它们皱皱的皮肤非常粗糙厚实，有 2 ～ 5 厘米厚。这层皮肤可以保护海象免受牙齿的伤害，并且和皮肤下面大约 15 厘米厚的鲸脂层一起，为海象披上了一条温暖的毯子。

雄性海象通常与雌性分开，单独生活、进食，它们经常在陆地和浮冰上举行聚会，参加聚会的成员全部都是雄性。冬天的时候，它们会去海洋里和雌性相会，并一起前往繁殖区域。未成熟的海象会和所有单身海象一起，在浮冰上度过整个冬季。雌雄海象可能会在水中交配，但是雌海象在冰面上产崽，每胎只产一崽。幼崽约有 1 米长，长着粗粗的白色腮须以及一层柔软的皮毛外衣。

海象能够发出各种声音——主要是各种不同的叫声。在求爱展示中，雄性海象也会制造出敲击声、口哨声和嘀嗒声，以此吸引交配的对象并击退对手。海象发出的最怪异的叫声听起来就像遥远的教堂钟声，这是雄性海象给自己的喉囊充气时发出来的。当海象浮在海水中睡觉的时候，充气的喉囊还可以提供额外的浮力。

巨齿鲸

身手敏捷、友好可亲、聪明伶俐，而又滑稽有趣的白海豚，属于一群狡猾的海洋"猎人"。它们还有一些"亲戚"更加与众不同，包括残忍的虎鲸、巨大的抹香鲸，以及生活在北极的"独角兽"——独角鲸。

在 18 世纪中叶以前，鲸一直被当成鱼类，因为它们像鱼一样在水中游动着生活，利用鳍的力量四处游来游去。但是，鲸是高度特殊化的海洋哺乳动物，而且和鱼类不同的是，它们用肺呼吸空气。它们也是温血动物、胎生、用奶水哺育幼崽。

在鲸目中，大约有 76 种鲸。除了 10 种以外（这 10 种属于须鲸），其余的全都属于齿鲸亚目——齿鲸。齿鲸中又有六大家族（科），它们是白海豚（喙豚科）、海豚（海豚科）、鼠海豚（鼠海豚科）、白鲸（独角鲸科）、抹香鲸（抹香鲸科）、喙鲸（剑吻鲸科）。

齿鲸身体圆滑、呈流线型，所以它们速度很快，而且很难被辨认出来。它们的头顶都有一个"喷气孔"用于呼吸。除了抹香鲸、白鲸和独角鲸，其他的齿鲸都有独特的背鳍。一般来说，海豚、鼠海豚都是小型齿鲸；大型齿鲸才被称为鲸。

海豚和鼠海豚

多数齿鲸（约 38 个种类）都是鼠海豚或海豚。这两大家族很相似，尽管鼠海豚主要生活在海滨，而海豚主要生活在深海中。海豚长有尖尖的喙状嘴（尖形的嘴），嘴中有一排排尖利的牙齿。鼠海豚的嘴部是圆形的，牙齿扁平，牙尖呈铲子形状。大多数海豚还有一个额隆——这是长在头部的一个圆形隆起物，当它们航行或交流时，能帮助它们定位声音。鼠海豚一般是灰色的或黑色的，腹部颜色较浅。海豚则是单色的、有斑纹，或者身上有黑白两种色。所有的鼠海豚都能吃各种各样的东西。江豚是一种敏捷的、专吃对虾的动物。大西洋鼠海豚以鲱鱼和沙丁鱼这样的浅滩鱼为食；道尔鼠海豚（一种白腰鼠海豚）专吃海洋鱼，比如鳕鱼和鱿鱼中的几个品种。许多海豚都吃鱼，它们用长有牙齿的喙捕捉猎物。那些喙部较圆，牙齿较少的种类，则倾向于集中捕食鱿鱼。暗黑斑纹海豚常常把凤尾鱼成群驱赶到无路可逃的海面上。宽吻海豚则猎食生活在开阔的海洋中的鱼和海洋底部的鱼。它们能够利用滴答声的回声定位和超声波频率，探查出沙质海床中的比目鱼。

　　海豚是社会性的动物，通常成群生活在一起。群体的组合随着单只海豚的来来去去，随时都在变化，从而形成暂时性的结合关系。一些生活在开阔的海洋中的种类，可能会在巡游的时候，数百只聚集在一起。在捕食之处也会聚集着大群海豚，它们会合作捕鱼，或者一起对密集的鱼儿进行狂乱的攻击。在每一群海豚中，都会发生很多性行为，交配行为似乎混杂不堪。互相轻推、用鳍状肢互相碰触、腹部对着腹部游泳这些社会化的行为，在海豚中都很普通。不过，在海豚中也会发生打斗和追逐，它们还可能用大大的、充满敌意的滴答声，威胁对方闪开。

　　最大的、最有特色的海豚科动物是虎鲸，它们生活在所有的海洋中。雄性虎鲸远远比雌性虎鲸大，能长到10米长，身上有黑、白两色。

▲　一只海豚妈妈不时地让小海豚靠在自己身边，引导它、保护它，还不时地用自己的鳍状肢轻触它。只有成年的古氏海豚（弱原海豚）才长有斑点。

你知道吗？

神秘的油膏

　　在捕鲸人的眼里，抹香鲸的商业价值不菲，因为它们能产大量的油，以及其他一些神秘的物质。这种鲸的头部中有一种名叫鲸油的蜡质油，可以用来制造香皂（肥皂）、润滑油和清洁剂。抹香鲸的鲸脂和骨头经过炼制，生产出来的鲸油，能被用来制造无烟蜡烛和化妆品。龙涎香就是在抹香鲸的肠道中发现的一种灰色腐烂物。当它从抹香鲸的身上脱落时，是一团气味浓郁的块状物；有时，人们发现它漂浮在海面上。这种臭臭的块状物的价值很高，因为它能被用来制作很多昂贵的香水。

▲　大多数鲸都在水面呼气，它们会制造出一道猛烈喷发的水柱，然后再吸入新鲜空气。但是，当图中这条樽鼻海豚在水面下时，它的"喷气孔"（鼻孔）会喷出气泡。齿鲸是唯一的一种只有一个鼻孔的哺乳动物。它们的喙状嘴中长有成排的尖牙。

▲ 海豚具有高超的运动技巧，而且喜欢玩耍。在海洋上，它们的跳跃显得异常壮观。在水下，它们进行迅速的演习。它们的速度几乎能够达到 50 千米／小时，甚至能凌空抓住飞鱼。

齿鲸家族

身体圆滑、像鱼雷一样的齿鲸有各种各样的大小和形状。从南非的长约 1.2 米的大西洋黑白海豚，到巨型的抹香鲸。

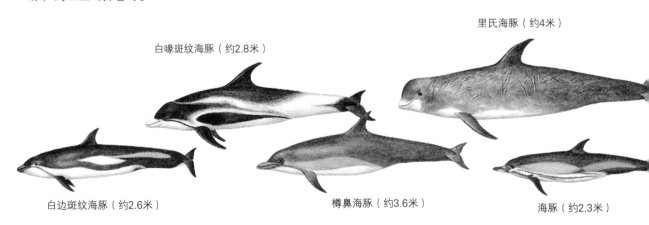

里氏海豚（约4米）

白喙斑纹海豚（约2.8米）

白边斑纹海豚（约2.6米）

樽鼻海豚（约3.6米）

海豚（约2.3米）

冰上奇袭

　　虎鲸是机会主义者。但是，它们也经常合作攻击鱼类。它们会把鱼儿成群驱赶到无路可逃的海湾或者水湾里。一些生活在巴塔哥尼亚的鲸，甚至会出人意外地攻击海岸边的海狮。这里，一小群鲸已将目标锁定在了被包围中的海豹身上。

腹部拍水
一头鲸跃出海面，靠在浮冰上——它的重量使浮冰倾斜。这头注定要死的海豹在倾斜的浮冰上向下滑，等着落入鲸的巨腭中。

杀戮操练
这四头鲸发现一头海豹孤零零地待在浮冰上。于是，它们开始合力攻击它。一头鲸在浮冰下的边缘推动冰块，另一头鲸则在水下巡游，进行准备。

跳跃侦察
这头巨大的雄鲸——可以通过巨大的体形和高高直立的背鳍辨认，踩着水，侦察了一下水面上的情况。这被称为"跳跃侦察"。

长鳍巨头鲸（约6米）

鼠海豚（约1.8米）

北方樽鼻海豚（约9米）

虎鲸（约9米）

▲ 这个巨大的额隆真让人不能忍受！这只短鳍巨头鲸正在展示它那方形球状的头部，以及微微突出的上唇。这是一种非常社会化的动物，它们成群生活在一起，每群有20头鲸，或者更多。它们在亚北极（邻近北极的地域）海域和热带海域之间，有规律地进行迁徙。

大开眼界

可以调整的脑袋

在所有的鲸类中，可能雄性抹香鲸潜水的距离是最深的。它们能在深海中活动自如，这可能与脑中大量的鲸油有关。一头3万千克（30吨）重的鲸，脑中的蜡质鲸油重约2500千克。在33℃时（鲸在水面时的温度），鲸油呈液态；但是在31℃时开始凝固，变得更加致密，浮力变小。科学家们认为，抹香鲸很小心地控制着鲸油的温度，从而使自己能够控制在深海中的浮力——使它的浮力在各个深度都能保持平衡，并且能够使它毫不费力地浮到海面上来。

和大多数海豚科动物不同，虎鲸生活在相当稳定的家族群体中。每一个虎鲸家族中，通常有一头雄虎鲸、一群雌虎鲸以及幼鲸，但也有一些虎鲸家族中只有幼鲸。鲸的食物是各种鱼类和鱿鱼，它们也经常吃海鸟。在鲸目中，它们是唯一的一种要捕食其他海洋哺乳动物的鲸，包括海豹。成群的虎鲸甚至还会攻击比自己大两倍的鲸——这些被攻击的鲸通常都是年老体弱的。伪虎鲸较小，体形与虎鲸相似，除了腹部是灰色的，身上其余部分都是黑色的。

长鳍巨头鲸和短鳍巨头鲸主要以头足类动物（如乌贼）为食，但它们也吃一些浅水鱼，如鲱鱼。巨头鲸主要因为搁浅而受害。它们成群生活在一起，整个鲸群通常会一起搁浅。

白鲸和喙鲸

在白鲸属（独角鲸科）家族中有白鲸和独角鲸，它们都生活在北极水域中。它们的每个群体，要么由几头雌鲸与幼鲸组合而成，要么单独由雄鲸组合而成。白鲸从头到尾呈象牙色。独角鲸的大小（能长到5米长）、形状和白鲸差不多，但是它们的表面颜色却有多种，例如像大理石一样的绿色、灰色、奶油色、黑色等。独角鲸和白鲸一样，没有明显的背鳍，但是沿着背部有一条低矮的骨脊。

不过，独角鲸最有特点的是它的长牙。雄性独角鲸的左上门牙非常长，呈螺旋状，从偏离

▲ 一道白色的背鳍露出阿拉斯加海像玻璃一样的水面。那闪动着的白色腹部，显示出这是一小群正在巡游的道尔鼠海豚。在鼠海豚家族中，它们是最大的品种。它们喜欢戏水。当它们像鱼雷一样上下穿梭时，会激起四处飞溅的水花——它们经常被吸引到渔船旁边。

嘴部中央的位置突兀地伸了出来。有时，一些独角鲸会长出两根长牙。但雌鲸通常不长长牙，而是长着一对大约20厘米长的门牙。雄鲸的长牙可能具有社会性意义——在求爱表演、生育，以及决定自己的社会地位时，起着重要作用。但是，雄鲸也会利用长牙争斗，并造成伤害。除了各种各样的叫声——从哨声、叮当声、嘀嗒声，到像奶牛一样的鸣叫声，白鲸还通过各种表情进行交流。白鲸和独角鲸觅食捕猎都有一定范围，白鲸有时会结成小群体一起捕食。它们会将生活在浅水域中的青鱼、大马哈鱼、鳕鱼等，成群驱赶到浅水中捕食。它们也在海床上追逐零星的鱼，它们脖子灵活，能大面积扫过海底水域。白鲸也吃甲壳类动物、蠕虫和软体动物。独角鲸猎食斑点鳕鱼、比目鱼和头足类动物。独角鲸从来不会离开北极海域，但是白鲸会在冬天的时候，沿着浮冰边缘朝南游，夏天的时候再向北游。

喙鲸很少见，是一种原始的鲸类动物，有或长或短的、独特的喙状嘴。它们中等大小（长4～12米），有20多个种类，其中大多数的喙鲸下颌上只有一对完全发育的牙。阿氏鲸和拜氏鲸的下颌上长有两对牙，希氏剑吻鲸的上腭、下颌都长有许多牙。除了阿氏鲸、拜氏鲸、希氏剑吻鲸，雌鲸根本不会长牙。因此，喙鲸是捕食鱿鱼的专家。

▲ 一头虎鲸破海而出，展示着它的体形和力量。这种"溅水运动"可能是一种交流方式。在海豚科动物中，它们是最大的，速度也是最快的。与家族中其他的成员不同，它的鳍状肢很大，形状像桨。

▲ 这群雄性白鲸正在加拿大的北极浅海域中巡游。夏季，成百上千的白鲸会聚集在固定的繁殖之地。小白鲸刚出生时是棕色的，随着年龄的增长，它们会逐渐变成灰色，再变成白色。

白海豚

在亚洲和南美洲黑暗的河流中，生活着五种海豚。这些原始的海豚几乎都看不见，但是它们能够通过非常敏锐的回声定位技巧，分辨周围的环境，觅捕猎物。它们的喙状嘴又长又细，里面长满尖牙和一个能发出声音的额隆。它们的主要猎物是虾和鱼。

巴西河豚生活在海滨，以鱿鱼和章鱼为食。在白海豚中，它们的视力是最好的，这使得它们能够循着猎物发出的光追捕目标。亚马孙河豚的背部是蓝灰色的，腹部略呈粉色。印度河喙豚生活在巴基斯坦的印度河流中，已濒临灭绝。恒河喙豚生活在印度、尼泊尔和孟加拉国的河流中。在中国的长江和富春江下游，生活着白鳍豚。

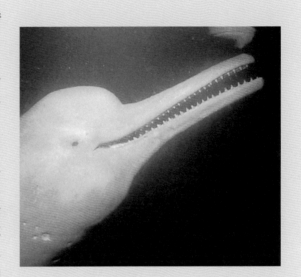

独角鲸（约4.5米）

抹香鲸（约20米）

▲ 抹香鲸那巨大的尾巴朝着船上的观众们挥舞着，然后，这头巨大的哺乳动物潜入了新西兰的海洋深处。鲸的尾巴宽达 4 米。在潜水前，它会先吸 10 分钟左右的氧气。它能潜到 1000 米的深处，并在那儿停留 1 个小时。在深海中，抹香鲸会搜寻大鱿鱼，它们可能还会吃像鳐鱼和鲨鱼这样的深海鱼。

抹香鲸

庞大的抹香鲸是最大的齿鲸，而且模样极其古怪，像个大肉团。这是因为它的头部大小和重量，都相当于它那锥形身体的三分之一。在它那巨大的头部中，有动物界里最大的大脑，以及一个巨大的含油的液囊——鲸油。它的喷气孔位于头顶左侧，这使抹香鲸喷出来的"气柱"有一个独特的 45° 倾角。成年抹香鲸的下颌很窄，左右两侧各排列着 20 ～ 25 颗长约 15 厘米的牙齿。雌性的牙较小，数量也较少，有时甚至没有。与上腭相比，下颌显得很薄；上腭前伸，长度远远超过并盖住了下颌。但是，它们的下颌却强劲得足以防御鲨鱼，将捕鲸人的划艇咬成两半，迅速地吞咽巨大的鱿鱼——这是它们的主要食物。为了找到鱿鱼，抹香鲸必须潜进深水中。抹香鲸生活在世界各地的海洋中，但只有一些孤单的雄鲸才会冒险进入极地水域。抹香鲸的家族群体，主要是由雌鲸和它们的幼崽组成的。在加勒比海这样的温暖水域中，小鲸的进食和成长都离不开母亲。

小雄鲸 6 岁左右，就会离开群体，游向更寒冷、猎物也更为丰富的水域里，比如新西兰岛附近的水域，并在此大量吞食深海中的大鱿鱼。孤单的雄鲸主要吃 30 ~ 100 厘米长的鱿鱼，但是有一些鲸在和丑陋的鱿鱼的搏斗中会受伤。雄鲸会一直在食物丰富的海域中成长，直到 30 岁左右。此时，它们已经彻底性成熟，身长 13 ~ 20 米——远远比雌性大。在这一年中的某个时刻，成熟的雄鲸会游向热带海域，有时甚至迁徙好几千千米的距离去寻找雌性。

抹香鲸有两群体形很小的表亲。这两种小抹香鲸，一种能长到 4 米长，生活在海洋中；另一种体长不到 3 米，生活在大陆架的水域中。

须鲸

须鲸是动物界中的"大力士"，在它们巨穴似的大嘴里长有鲸须。它们不仅是优雅的游泳健将，还是出色的歌唱家。它们虽然体形笨重，却以最小的海洋生物为生。

与齿鲸一样，须鲸也是鲸目动物，但隶属于须鲸亚目。须鲸的嘴里没有牙齿，但是在上腭两侧却垂挂着许多细长且富有弹性的鲸须。这些鲸须就像巨大的滤网，能够过滤食物。须鲸巨大的身体已经适应了寒冷的海洋生活。在寒冷的海域里，热量极易流失。大型动物的体表面积相对于它们的质量较小，因此，与小型动物相比，它们流失的热量比例也较少。须鲸长有一层厚厚的鲸脂，这使它们能够保持体温。北极露脊鲸的鲸脂层足有 50 厘米厚。

须鲸亚目现存有 3 个科：灰鲸科、鳁鲸科和露脊鲸科，共计 15 种须鲸。

▲ 图中是一头雌性座头鲸和它的幼崽，它们在浩瀚的海洋中游来游去。幼鲸在水中出生，通常尾巴先出来，之后它们被母鲸迅速地推到水面上，呼吸第一口空气。

▲ 在洄游途中，座头鲸通常会靠近海岸，因此人们经常能看见它们那优美的身姿——跃出水面，并扬起巨大的水花。

庞大的洄游者

如果沿着北美洲的西海岸观察灰鲸，经常会看到它们张开令人胆战心惊的大嘴，还有喷出来的垂直水柱。灰鲸一般沿海岸活动，在洄游的季节里，这种现象尤为明显。夏季，灰鲸在北极地带索饵觅食；冬季，它们洄游到加利福尼亚海湾或是韩国海岸附近产崽。在所有须鲸中，灰鲸的洄游距离最远——往返距离长达 2.04 万千米。

灰鲸长约 12 米，嘴里长有一排像梳子似的微黄色鲸须。与其他须鲸相比，它们的腭又短又厚。灰鲸的皮肤呈斑驳的灰色，但是通常看上去有些发白，这是因为在它们的身上寄生着许多藤壶和鲸虱。灰鲸没有背鳍，仅在尾部末端长有背脊。

夏天，灰鲸在北极水域里觅食各种海底无脊椎动物。灰鲸的觅食方式比较独特，经常掘开海床寻找食物——它们侧着身子向前游动，用头部扫起海底沉积物，并将猎物连同淤泥、砂砾一起吞入口中。之后，它们浮到水面，用鲸须将嘴里的泥沙和海水过滤出去，只留下甲壳动物、蠕虫和软体动物。有时，灰鲸也会在水面觅食小鱼和甲壳动物。

每年 11 月，加利福尼亚灰鲸都会从北极地带开始向南洄游。在洄游途中，很多灰鲸都会参与嬉戏和交配——通常是几头鲸在一起滚来滚去。当雄性灰鲸和雌性灰鲸交配时，另外一头灰鲸会在下面支撑着它们。

座头鲸通常集体觅食。图中这群座头鲸张开大嘴，鼓起喉褶，把小鱼、粗心的鸥鸟连同大量的海水一起吞了进去。

当灰鲸到达繁殖地后，已经怀孕 13 个月的雌性灰鲸很快就会产下一头幼鲸。幼鲸长约 5 米，与成年灰鲸相比，它们的皮肤要光滑许多。幼鲸的鲸脂不太厚，所以它们还不适于在寒冷的北极水域里生活。但是在温暖的泻湖里，幼鲸靠母鲸乳汁的抚育迅速成长。在这段时间，母鲸能吃的食物非常少，所以它们只能依靠鲸脂生存，偶尔也会猎食那些生活在海藻丛中的小型生物。

巨大的捕食者

所有鳁鲸（包括蓝鲸、长须鲸、鳁鲸、埃氏鳁鲸、座头鲸和小鳁鲸）的头部都非常大，约占体长的四分之一。从鳁鲸的下颌处一直到腹部，长有许多褶沟（又称喉褶），这使得鳁鲸在进食的时候，喉部会鼓得很大。在没有进食的时候，鳁鲸的身体呈流线型，游水速度比其他须鲸都快。

所有鳁鲸的进食方式基本上相同。它们张开大嘴，鼓起喉咙，将大量海水连同食物一起吞进口中。之后，它们先用舌头将食物送到喉部，再咽下食物。这个过程被称为吞咽。一头大型蓝鲸每天会吞咽食物七八十次，每餐要吞下 800～1000 千克的磷虾。

座头鲸会使用许多策略来捕食猎物，例如，它们会布下"泡沫网"。捕食时，一头或者多头座头鲸呈螺旋形游向水域表面，它们一

鲸须

鲸须是一种角质物，曾经成为女性束腹胸衣的内衬。鲸须的内缘被磨成粗糙的细丝，它们在须鲸的嘴中形成了密集而坚韧的过滤网。

舌头的压力

进食时，鳁鲸先用舌头将嘴里的海水朝前推，然后通过两侧的鲸须板将海水挤压出去，同时把食物留在嘴里——它们就是这样通过鲸须来过滤食物的。

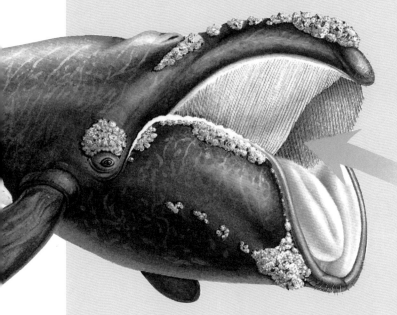

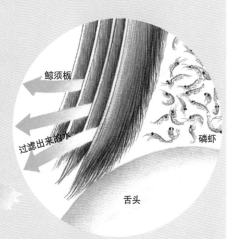

鲸须板

过滤出来的水

磷虾

舌头

寄生者

在露脊鲸的头上聚集着成群的藤壶和其他寄生虫。

强大的过滤筛

露脊鲸通过在水里上下游动来捕食猎物——它们慢慢地朝前游，同时把嘴张开，先把浮游生物连同海水一起吞进口中，再通过两侧的鲸须板把海水过滤出去，只留下浮游生物。

◀ 这头南露脊鲸张开大嘴，在水面游来游去。它用鲸须板把食物从水中过滤出来。鲸的种类不同，鲸须的优劣和长短也不同。露脊鲸的鲸须板很长，而鳁鲸的鲸须板较短。

没有下颌的奇迹

所有的须鲸鲸体形都比较长，体表非常光滑。它们有巨大的头部和喉褶。鲸虽然大小不一，但都属于大型动物。露脊鲸比较容易辨认，它们的下颌呈高度弯曲的拱形。

鳁鲸
长约 18 米

蓝鲸
长约 30 米

长须鲸
长约 25 米

人类
高约 1.8 米

边游一边喷出一连串大大的气泡，形成柱状的"泡沫网"。泡沫的倒影和上升时发出的声音，诱使成群的鱼儿游到"网"中间。随后，座头鲸突然从下面冲上来，张开大嘴，吞掉"网"中的猎物。座头鲸的捕食范围比较广泛，有时会随着季节的改变而改变。它们既吃磷虾，也吃桡脚类动物（微型甲壳动物）和小鱼（如毛鳞鱼、鲱鱼、鳕鱼、沙丁鱼和鲭鱼）。

除了埃氏鳁鲸（它们只生活在温暖的海岸附近或是温带水域），其他鳁鲸都会在夏季时洄游到食物丰富的两极水域觅食。冬季，它们则洄游到温暖的水域中繁殖。小鳁鲸和蓝鲸可以游到两极冰群的边缘，而长须鲸根本游不到这么远，鳁鲸的洄游距离更短。

蓝鲸是目前世界上体形最大的动物。它们重达 150 吨，体长约为 30 米，主要觅食甲壳动物，尤其是磷虾。有意思的是，蓝鲸经常用粗糙的鲸须设下陷阱来诱捕磷虾。鳁鲸的鲸须要光滑一些，但是它们主要以桡脚类动物为食。在所有须鲸中，座头鲸的歌声最为优美，素有"海洋歌唱家"的美名。座头鲸的鳍状肢非常长，边缘呈白色，这更为它们增添了几分神秘感。

座头鲸
长约 16 米

露脊鲸
长约 18 米

◀ 这是生活在北极冰河里的一头小鳁鲸。小鳁鲸的体长约为 11 米，它们只生活在两极水域或是热带水域里。生活在北极的鳁鲸以鱼为生，生活在南极的鳁鲸以磷虾为生。

喷水孔

　　齿鲸只有一个喷水孔，须鲸则有两个喷水孔。须鲸的喷水孔呈月牙形，并有脂肪和纤维垫作为保护。喷水孔在肌肉收缩时张开，在水压的作用下闭合。当须鲸浮出水面呼吸时，喷水孔张开，喷出水柱和黏液。须鲸喷出来的水柱各不相同，所以很容易辨认。灰鲸用两个大大的喷水孔呼吸，喷出的水柱比较低，呈垂直状。蓝鲸喷出的水柱高 6～10 米，露脊鲸喷出的双股水柱高 4～5 米。

▲　在灰鲸斑驳的头上还残留着水蒸气和黏液。在灰鲸的头上和喷水孔里，寄生着三种鲸虱——仅在灰鲸的身上发现过。

发达的腭

　　真露脊鲸和北极露脊鲸都长有巨大的头部，约占体长的三分之一。它们的拱形腭上长满了又长又窄的鲸须板。它们没有背鳍，也没有褶沟。小露脊鲸的背鳍比较小，呈三角形。

　　与其他露脊鲸不同，真露脊鲸的头部长有许多明显的角质瘤。真露脊鲸、北极露脊鲸和小露脊鲸都觅食甲壳动物，主要是桡脚类动物和磷虾。露脊鲸能用舌头将自己不喜欢吃的海草和其他动物的残骸从鲸须板上剔下来，然后把它们攒成球状吐出来。

　　露脊鲸通常以小家族群形式生活在一起，每个集体有 2～9 名成员。露脊鲸非常活泼，它们经常从水中跃起，并用尾叶拍打水面。这可能是一种求爱仪式，也可能是用来定位的。通常，在一头愿意交配的雌鲸周围会围绕着五六头雄鲸。这些雄鲸彼此冲撞，以期得到雌鲸的垂青。如果雌鲸不愿意交配，就仰卧在水中游泳。而雄鲸可能会用头部去撞击雌鲸，使它翻转过来。有时，雄鲸还会因此受伤。

大开眼界

海洋深处的小夜曲

　　鲸通过发出各种各样的呻吟声、尖叫声、呼噜声和哨声来进行交流。大型鳁鲸能发出低频率的叫声，叫声能传到很远的地方。座头鲸的声音最动听。只有雄性鲸才会唱歌，并且大多发生在繁殖季节。它们可能是用歌声来传递求爱信息，也可能是用来捍卫领地。一首歌通常含有 6 种基本旋律，歌声通常能达到 120～140 分贝（喷气发动机的噪音约为 100 分贝）。因此，即使在 3 千米之外也能探测到。低频率的歌声能传播到 185 千米以外的地方。

大象

一头雌象扇动着耳朵，无精打采地晃动着长长的鼻子，带领自己的家族沿着丛林中蜿蜒的小路行进。当它将象群引领向密林深处时，唯一可以依靠的就是它对丛林的了解，以及它那富有传奇色彩的记忆力。

庞大的身体和长长的象鼻使大象很容易被认出来。现存的两个象种——非洲象和亚洲象——都属于长鼻目中的象科。在同一目中，人们还发现了11种蹄兔和土豚。

非洲象有两个亚种——非洲丛林象（主要生活在低矮的灌木丛林中）和非洲森林象（主要生活在高大茂密的森林中）。与丛林象相比，非洲森林象的体形较小，耳朵较圆，象牙较细且向

单嘴唇或双嘴唇

在辨别大象的种类时，有一些细节性的特征可以为我们提供线索。亚洲象的背部是凸起的，而非洲象的背部是马鞍状的。不过，这两种象最大的区别在于它们的头部。

非洲象
非洲象体形庞大，长着圆圆的脑袋、长长的象牙和宽宽的耳朵。在它的象鼻末端还长着两片可以用来抓取东西的嘴唇。

亚洲象
亚洲象的体形比非洲象小，它们的象牙通常较小，而且有的亚洲象根本没有象牙。它们的耳朵也比较小，头顶上有两处圆形凸起，象鼻末端只有一片嘴唇。

内侧弯曲，这有利于它们在茂密的植物丛中穿行。因为它们栖身的树林十分茂密，因此在这里，即使是成群的大象也很难被发现。有时，它们也会冒险进入空旷的地带，在那里打滚、喝水、补充矿物质。它们用象牙挖掘泥浆，并在水里搅拌，然后喝下自己"制造"的泥水。

亚洲象有四个亚种：印度象、马来西亚象、斯里兰卡象以及苏门答腊象。它们都生活在森林里，体形也普遍小于非洲象。在斯里兰卡象中，只有大约10%的雄象长有象牙。

大象给人印象最深的特征之一就是那对象牙。这对伸长的上门牙在大象两岁的时候开始显露出来，并且终生都在生长。野生非洲象能活到60岁左右（亚洲象通常可以活到70岁）。成年雄象的象牙平均每根重约60千克，雌象的象牙每根重约9千克。而年老的大象的象牙甚至可以长到3米多长。不过，像这样的"长牙象"如今已经极为罕见，因为成年雄象一向是那些残忍的象牙偷猎者觊觎的对象。

▲ 大象每天都要喝水，它们先把水吸到鼻子里，然后再喷到嘴里。它们每次能喝下10～30立方米的水量。此外，大象也常把水喷到背上给身体降温。

象牙的主要成分是牙质、软骨组织和钙盐。它们是大象的"刀叉"，可以用来剥树皮、挖掘树根和矿物质。此外，象牙还具有一些社会功能，那就是在求偶时用来炫耀自己，有时也会被大象当作武器使用。

大象是食草动物，能够轻松地碾碎大量粗糙的植物。为了对付大量的食物，大象长着巨大的头、强有力的咀嚼肌和强健的牙齿。除了上门牙，大象还有四颗牙齿，分别位于上腭、下颌两侧。但每颗牙齿都很坚固，厚厚的象牙如一块板，上面长有牙脊，就像是用来碾碎东西的磨石。大象利用这些坚实有力的牙齿把植物研磨成浆状，再吞咽下去。为了支撑象鼻和厚重的牙齿，大象的头骨体积巨大。不过，由于头骨内部有气胞和空腔，呈蜂窝结构，因此质量相对较轻。

你知道吗？

长牙

在所有动物的牙齿中，非洲象的象牙是最大的。最长的象牙的外缘曲线可以长达3.94米。大约30万年前生活在今天的德国北部地区的史前直牙象的象牙可能还要更长一些，雄象的象牙平均长度为5米。在斯洛伐克布尔诺市的弗朗兹博物馆中保存着一根猛犸（毛象）的象牙，其外缘曲线长达5.02米。单根象牙化石的最重记录为150千克。

▲ 大象的皮肤尽管有 2～4 厘米厚，但却非常敏感，而且很容易出现龟裂。所以，它们需要生活在良好的环境中，避开寄生虫和灼热的阳光。这意味着大象需要经常进行水浴、尘浴和泥浆浴。一层好的泥浆外衣干了以后，就会在大象体表形成一层临时性的"盔甲"。

▲ 一头幼年亚洲象正在洗澡。它深灰色皮肤上的绒毛被水打湿后，闪现出古铜色的光泽。随着年龄的增长，大象的皮肤颜色也会逐渐变淡，还会长出一些略微透出粉红色的白斑。那些粉红色的大象通常都是年纪很大的老象。

▲ 一群亚洲象排成一列，缓慢地在森林中穿行。它们通常会沿着多年走惯了的路线行进。在雨季，它们会不断寻找新的食物来源。为了找到新鲜的草地，它们有时甚至需要进行长距离的迁徙。

有工作的大象

　　一位尼泊尔看象人骑着载满货物的大象，行走在奇旺国家公园中的一条森林小径上。曾经一度被用于战争中的大象，现在仍然被一些亚洲国家当作帮助工作的重要动物。在这些地方，大象的力量、智慧、记忆力和温和的品性获得了高度的评价。在恶劣的地形中，在无路可循的茂密森林里，在连机器和拖拉机都无计可施的情况下，大象无疑是最有效的、最经济实用的工具。大象通常在原始森林中工作，有时也被用于礼仪场合。虽然大象可以圈养，但人们依然会从野外猎捕大象。一些受人尊重的驯象人会指挥受过特殊训练的大象把野象围合起来，然后一场艰难而危险的驱赶猎捕活动随之展开。

　　象鼻长而灵活，伸长的上唇和象鼻组合在一起，就像大象的第五肢、通气管和嘴一样。大象的颈部非常短，嘴巴无法够到地面，但利用象鼻就能轻松地攫取地面上的食物。而长在树木高处及低矮的灌木丛中的食物也能用象鼻摘取。这个强有力的器官还十分灵敏，它不仅可以剥落树皮、扯下树枝，还可以灵活准确地采集水果、叶片和嫩芽。象鼻的嗅觉和触觉都异常敏锐，可以帮助大象探寻新奇的事物，也可以帮助它与其他大象互相致意和接触。

大开眼界

灌木丛里的大家伙

　　非洲象是陆地上最大的哺乳动物，重约 6.5 吨，高约 3.3 米。最大的史前象是曾经生活在西伯利亚草原上的猛犸（毛象），它们曾在 100 万年前游荡于欧洲中部地区。据在德国发现的一具猛犸骨骼的残骸显示，它们的肩高约为 4.5 米。有时，人们可以在西非和中非的雨林中看到矮象。尽管矮象的身高很少超过 2 米，但它们还是被视作小型森林象，而不是一个独立的物种。在遥远的尼泊尔的森林中，可以见到巨型象。它们可能是一种体形特别庞大的亚洲象。

　　造物主还赋予大象健壮的、不同寻常的象脚。圆柱状的象腿像树干一样，末端是宽宽的脚掌，脚掌上还长着大大的趾甲。大象的脚骨延展开来，连同又平又圆的脚掌一起，嵌入到宽厚而富有弹性的海绵组织中。"足垫"有效地分散了大象惊人的体重，使得大象可以悄无声息地在丛林中穿行，坚硬的土地上只会留下一些浅浅的大脚印。散步时，大象会以每小时 5 千米的速度行进。它们会先同时迈出两只右腿，然后再同时迈左腿；全速行进时，它们的速度可以达到每小时 40 千米。

　　象的大耳朵不仅是听觉器官，也是一种交流工具。例如一头愤怒的大象会张开耳朵以示威吓。而且它们的象耳很宽大，可以用来散热——通过扇动双耳，可以帮助大象降温。

◀ 一头幼年非洲象正沉迷于一种活泼而无拘无束的感觉中。刚出生的小象体重为 120 千克，6 岁时就可增至 1000 千克。幼象会从长辈那里学到如何寻找食物、水和道路，以及如何保持清洁并避开危险。

▲   大象喜欢水，只要条件允许，它们每天都会在水中嬉戏。尽管体形庞大，但它们却是游泳好手。它们有时会横渡河流，把鼻子举过水面当作通气管，再用狗爬式的游姿奋力前进。

▲   东方破晓时分，非洲博茨瓦纳大草原的乔波河岸边，一群大象正在朦胧的琥珀色晨曦里缓缓而行。在刚刚过去的这个夜晚的大部分时间里，这些大象可能都在活动。在夜色和茂密的丛林里，大象们凭借低沉的咆哮声彼此交流，这种声音可以传到1千米以外的地方。

大象的社会

　　大象社会的核心群体是由成年雌象和不同年龄的幼象组成的，是一个母系群体。每个象群都由其中年龄最大的雌象率领。这头雌象是象群中的女族长，它和同一象群中的其他成年大象都有亲缘关系。它可能早就过了生育年龄，但它能为象群提供丰富的经验和知识。它通晓家园的领地范围，并能带领象群在领地内找到可靠的水源和季节性食物。象群成员之间的关系十分牢固，并且形成了复杂的社会群体。它们彼此之间通常会相互合作，共同教导并保护幼象。

　　雌象终生都会留在象群里，但年轻的雄象会在性成熟后离开象群。成年雄象一般会独自生活，或与其他成年雄象一起组成小规模的临时性群体。它们之间似乎并不存在牢固的纽带关系，而且也不会像雌象群体成员那样彼此合作。

▲ 两头重达数吨的肯尼亚雄象正在一场决斗中进行着狂野的碰撞。大象之间的争斗通常会借助某种仪式加以解决，但有时也会发生极端的暴力冲突——当象牙因真正的仇恨而挥动时，就很有可能造成严重的伤害或死亡。一般情况下，成年雄象之间都会保持着相当的距离。

乞力马扎罗山下的群居生活

　　丛林象群是一个成员之间有着密切联系的家族群体，由雌象和不同年龄的幼象组成。年长而睿智的雌象会带领象群，遵循着它们日常和季节性的生活规律。它自始至终都会和象群待在一起，直至死亡。

①当有危险逼近时，象群中最年老的雌象会直面侵入者，张开双耳，并负责保护整个象群。幼象经常会被狮子和土狼杀害。

②幼象从母亲那里汲取奶水，这段时间会持续三四年。雌象的乳头位于两条前腿之间。

③象鼻的功能很多。它能使大象在更大范围内获取食物，无论是悬挂在高处不易摘取的植物，还是生长在地面上的食物。在旱季，大象会摧毁树木以获取树叶和嫩枝，还会把树皮撕下吃掉。林地最终会被大象毫无节制地破坏，变成草地。

④一头大象正为皮肤敷上一层尘土外衣。这种"尘土外衣"能使大象免受昆虫和阳光的伤害。

⑤在一些地区，某些矿物盐的匮乏使大象深受其害。它们常会造访一些地表富含矿物盐的地区，在地上挖出很深的坑，然后吞下那些富含矿物质的泥土。

⑥交配季节里，雄象会长途跋涉造访不同的象群，寻找愿意接受它们交配的雌象。大部分时间里，雄象都独自生活，或是和其他雄象结成松散的团体。

⑦在老年雌象的带领下，象群通常会一字排开，寻找新鲜的草地。它们很快就能察觉到远方的降雨，并朝着期望中正在茁壮生长的新草场进发。

⑧两头雄象正在战斗，它们扭打在一起，脑袋顶着脑袋互相推搡，鼻子绞在一起，象牙压着象牙进行角力。

蹄兔——大象的近亲

　　非洲蹄兔（又称蹄兔）是与大象联系最为紧密的近亲。这是一种体态圆胖的小型哺乳动物，外形与啮齿动物相似。非洲蹄兔约 10 种，分别属于三个属——岩蹄兔、丛林蹄兔和树蹄兔。它们的脚上长着有弹性的足垫。奔跑时，它们的脚上会分泌出汗液，这有利于它们抓握和攀爬。生活在温带地区的蹄兔毛发较短，生活在山地的蹄兔则长着致密而柔软的毛。如何调节体温对蹄兔来说可是个问题。它们会挤在一起晒太阳取暖；天气太热时则会长时间地静卧不动。所有种类的蹄兔都是食草动物。它们生活在树上和岩石中。其中几种蹄兔，如布鲁斯黄斑蹄兔（如图），成群生活在露出地面的岩层中。生活在自己领地中的雄性蹄兔统领着好几只雌兔、幼兔以及一些不会对自己构成威胁的成年雄兔。在繁殖季节，它们会变得富有侵略性。

大象的性成熟期通常在 10 ～ 12 岁之间（森林象更早一些）。小象可能在一年中的任何时候出生，但似乎大多数象群的生育周期都是一年一次，而且雌象只有在食物充足的雨季才会排卵。发情的雌象会发出一种特殊的召唤声，宣告自己已经做好了交配的准备。听到召唤声的雄象就会从四面八方赶来，并仔细查看雌象的状态。在交配季节，由于睾丸激素水平急剧升高，雄性亚洲象会变得兴奋、暴躁，而且极富攻击性。在大约两个月的时间里，它们始终处于"狂暴状态"，颞颥部位（眼睛和前额之后，颧弓之上，耳朵之前）会不断产生分泌物，并顺着它们的脸部滴落下来，形成一条条黑线。雄性非洲象也可能出现类似的情况。在用象鼻进行了一段时间的追逐与爱抚后，雄象就会爬到体形比它稍小的雌象身上，并将前腿搭在雌象背上进行交配。

日常的作息

丛林象主要在早晨、下午、傍晚和夜里活动，中午则躲在灌木和树丛下遮阴。有时，它们会侧卧着小睡一会儿，但却不能长时间保持这种姿势，因为这会使它们的内脏感到不舒服；更多的时候它们都是站着睡觉的。森林象也喜欢阴凉的地方，所以总是在夜里才出来觅食。

大象对食物并不十分挑剔，它们的觅食范围十分宽泛，包括水果、树叶、植物嫩芽、嫩枝、树枝、树皮、植物根茎等。它们也会偷吃农作物，如香蕉、杧果、甘薯和甘蔗等。就连其他食草动物毫无兴趣的粗糙木材，它们也能吃下去。大象知道如何充分利用那些营养价值较低的劣质食料。因为体积庞大，它们能够吞下大量植物，一天就能吃光 225 千克的食物。不过，它们的消化系统并不是特别发达，被吞咽下去的食物约有一半未经消化就被直接排出了体外。大象只能从体内存留下的另一半食物中汲取营养，这意味着它们需要吃掉大量的灌木草料，才能弥补流失掉的养分。

土豚

容貌怪异的土豚（在南非荷兰语中被称为"土猪"）是大象的近亲之一。这种行踪诡秘的夜行动物生活在南非，是管齿目动物中现存的唯一物种。尽管与食蚁动物无关，但它们无疑是摧毁白蚁和蚂蚁的专家。土豚的外形与猪相似，长着驴耳似的长耳朵，口鼻部呈管状，就像猪嘴一样。

土豚没有门牙和犬牙，而是长着独特而均匀的前臼齿和臼齿。这些牙齿没有齿根，而且会持续不断地生长。每颗牙齿都是由数百根牙质管黏合在一起形成的。它们强壮的四肢上有长长的铲刀样的爪子，这是用来撕裂白蚁巢穴的强有力的挖掘工具。白天，土豚独自在洞穴里睡觉。但当夜幕降临后，它们就会拖着脚步在地面上曲折前进，并让鼻子始终贴近地面。只要看到像是白蚁蚁冢的物体，它们就会迅速挖一个"V"字形的坑，再仔细地嗅一下，然后蹲在一个固定位置上，将嘴和鼻子伸进坑里。接着，土豚就用它又长又黏、像蠕虫一般的舌头将坑洞中的虫蚁舔舐得一干二净。

骆驼

骆驼沙哑的声音回荡在戈壁那尘土飞扬的峡谷中，它们的身上还残留有撒哈拉沙漠灼热的沙尘。这些性情乖戾的擅长在沙地中生活的专家已经能够很好地适应沙漠，而且还帮助人类在这种贫瘠的环境中生存了下来。

在骆驼科中共有六种偶蹄动物。我们最熟悉的是两种长有驼峰（肉峰）的骆驼，另外四种是产于南美的大羊驼及它们的亲戚，也被称为无峰骆驼。

最大的骆驼科动物和最高的偶蹄目动物（除长颈鹿以外）是生活在东半球的骆驼——单峰驼和双峰驼。

单峰驼又被称为阿拉伯骆驼，它们的背上只有一个驼峰，肩高约 2.4 米。这种长腿、长颈，有着米色或浅黄褐色皮毛的骆驼科动物，主要生活在北非、中东和西南亚地区。在公元前 1000 年左右，人们就开始驯养单峰驼。人们不仅利用它们驮运货物，还饲养它们，食用它们的肉、乳汁，利用它们的驼毛。撒哈拉沙漠中的游牧部落，如柏柏尔人，曾经驱赶着庞大的骆驼商队横穿整个沙漠，贩运象牙、黄金、盐和奴隶。今天，柏柏尔人仍然

◀ 双峰驼最邋遢的时候就是在春天换毛的那段时间。它们身上厚厚的毛"外套"，能够帮助它们在中亚地区寒冷的冬季里保暖。此外，这层皮毛还能帮助它们隔绝来自太阳的热量。

依靠骆驼来搬运帐篷和水，并将骆驼奶当作食物。

真正的野生单峰驼已经灭绝了。现在，大多数单峰驼都处于半野生状态。大量的单峰驼生活在澳大利亚，它们是那些被引进澳大利亚用于运载货物的骆驼的后代，在澳大利亚的内陆上，它们可以自由地奔跑。大约有 120 万峰单峰驼生活在印度，但在全世界大约 1250 万峰单峰驼中，约有一半都生活在非洲。大部分的非洲单峰驼都被放养，它们可以随意行走或停驻、吃草，但需要有人给它们喂水。

与单峰驼相比，双峰驼的个头较小，皮毛比较蓬乱，体格较矮而强壮，而且它们长着两个驼峰。产于中亚地区的双峰驼同样已经被人类驯养了好几个世纪了。虽然在偏远的蒙古沙漠和中国西部沙漠地区，仍然能够看到一些野生双峰驼，但大多数双峰驼都是被人工驯养的动物。

人工驯养的双峰驼的毛色既有深褐色的，也有米色的，它们的个头相对较矮，身体强壮，还长着大大的驼峰。它们的腿部肌肉很发达，适合运载货物。而野生双峰驼的腿较长，驼峰小而别致，体形健美。单峰驼和双峰驼的胸部及腿部关节都长有粗硬的胼胝（因反复摩擦或受到压迫变得粗糙坚硬的皮肤），因为当它们卧在地上时，这些部位的皮肤就会触碰到焦热的地面。

野生双峰驼的数量现在可能不到 1000 峰。它们主要生活在蒙古的戈壁沙漠、中国的罗布泊沙漠和塔克拉玛干沙漠的保护区中。野生双峰驼主要以柽柳之类的沙漠灌木植物为食。在交配季节里，一峰雄骆驼会与好几头雌骆驼进行交配，并与其他挑战自己权威的雄骆驼决斗。在交配季节过后，雄骆驼会离开驼群独自生活。

▲ 骆驼会吃多种多刺的灌木和干草。和鹿、牛一样，骆驼科动物也是反刍动物，但它们只有三个胃腔，而不是四个。

▲ 这峰小骆驼正躲藏在母亲瘦长的身体下面。骆驼能够在沙地上轻快地行走，这都得益于它们长长的腿、生有两趾的脚，以及能在沙地中展开防止陷落的脚垫。雌骆驼一次只会生育一峰幼驼，幼驼在出生几个小时后就可以随驼群一起活动了。

▲ 一群单峰驼正在横渡一条位于阿富汗的兴都库什山脉中的湍急的河流。单峰驼有时也被称为"沙漠之舟"，它们早已适应了这种干旱、荒凉的生活环境，但当途经绿洲时，它们就会喝下大量的水。

特殊的适应性

　　骆驼的身体结构使它们可以很好地适应沙漠生活。它们每只脚上的两个脚趾都连有蹼，蹼下面还有粗糙的肉垫。当脚踩在软软的沙地上时，脚掌就会展开，而不会陷到沙子里。

　　在哺乳动物中，它们的血液细胞极为独特。在它们的血液中携带的是椭圆形的红细胞，而不是呈双凹圆盘状的细胞。在酷热的天气里，这种特殊的细胞形态可以防止血液稠化。

　　驼峰并不是"储水箱"，而是为食物匮乏时准备的脂肪储备。在它们那干燥的生存领地上，骆驼即使连续几周滴水未进，也能生存下去。如果可以吃到沾有露水的或者多汁植物，它们甚至可以完全不喝水。骆驼有多种储水机能。它们厚厚的"外衣"减少了水分蒸发流失。在炎热的白天，它们能让身体的体温上升8℃，而在寒冷的夜晚，它们又能让体温迅速下降。骆驼只在40℃高温中才会出汗。骆驼的肾功能极好，能够吸收它喝进体内的大部分水分，所以骆驼的尿液浓度极高，几乎不含水分，它们的粪便也很干燥。

　　在灼热的沙漠性天气里，骆驼多少都会失去一些水分，但只有在流失水分占身体总重量40% 时，它们才会感到痛苦。有水时，一峰骆驼可以迅速喝下好几桶水，几分钟就能喝完100升。对于其他哺乳动物，用这种惊人的速度喝水是极为危险的。

大开眼界

为爱情而战

在发情期，雄驼会变得富有攻击性，它们会在雌驼群中焦躁地横冲直撞。雄驼会在"情敌"面前炫耀自己。如果竞争升级，它们嘴里的皮囊就会鼓起来。当骆驼朝着竞争对手咆哮的时候，这个皮囊就会垂在嘴唇外面，像一条起皱的干腊肠。

一峰生气的骆驼会咬牙切齿，并吐出很多唾液泡沫。它甚至还会把胃里的东西翻搅出来，并把那些腐臭的液体吐向敌人。

▲　这群野生原驼正在穿越智利山中的草原。原驼的背部长着厚约 3 厘米的驼毛，但它的下腹只长着大约 2 毫米厚的软毛。它把身上体毛稀疏的部分暴露在阳光下，使自己的体温升高，而在寒冷的天气里，它身上的软毛会卷曲起来，只把厚厚的驼毛暴露在外面，以防体内的热量散失。

裂开上唇

骆驼和它们的亲戚总显出一种超然物外的样子，因为它们总是把小小的头高昂在长而弯曲的脖子上。它们长着瘦长的嘴，裂开的两瓣上唇非常灵活。由于要取食大量粗糙的草料，它们的上唇又厚又坚韧。骆驼的耳朵周围有一圈软毛，眼睛上长着厚厚的睫毛，能保护它们的眼睛免受风沙伤害。在沙尘暴中，它们还可以闭上鼻孔。

珍贵的露水通常会沿着它们裂开的上唇里面的凹槽流进它们的嘴里。

南美洲的骆驼科动物

在南美洲的高原和草原上生活着四种无峰骆驼。它们没有驼峰，看上去就像又瘦又高，脖子很长的绵羊。原驼和骆马（小羊驼）是野生动物，大羊驼（美洲驼）和羊驼（驼羊）是驯养动物。

◀ 在一个专门研究高海拔地区动物的研究所里，一头毛被剪的羊驼正在观察另一头没有被剪掉毛的羊驼。羊驼中有两个已被认可的品种，人们为了获得驼毛而饲养它们。其中，苏利羊驼（羊驼的一个亚种）以长而整齐的波浪状纤维毛闻名。

▼ 大羊驼是一种优秀的载货动物，它们非常适合在坎坷的山道上运载货物。只有被阉割后的雄性大羊驼才会被用来做这种劳累的工作。雌性大羊驼会和几头雄性大羊驼喂养在一起，以繁殖后代。

与骆驼相比，它们体形较小，体态更优雅。这些腿部细长的食草动物早已适应了安第斯山脉的高海拔和崎岖不平的地形。

无峰骆驼的趾垫比骆驼的窄，而且可以独立活动，便于它们在岩壁上行走。和骆驼一样，无峰骆驼也能适应干旱的自然环境。它们排出的尿液极少，浓度高，粪便也非常干燥。它们吃多刺、干燥的植物，并通过咀嚼和反刍来消化这些富含纤维的食物。所有无峰骆驼都会季节性繁殖，并通常在植物繁茂的夏季生育后代。

同骆驼一样，无峰骆驼的上下颌都长着与象牙相似的犬齿，其中上颌还长有一颗门齿。但与骆驼不同的是，它们的门齿是钩形的，而且很锋利，可以在战斗中当武器。

在高高的安第斯山脉上，空气含氧量较少，为了适应这种稀薄的气候，无峰骆驼拥有发达的用于输送氧气的红细胞。在骆马体内，每立方毫米血液中大约含有 1400 万个红细胞（人体只有约 500 万个红细胞）。

黄褐色的骆马是身披长毛"外套"的食草动物。它主要生活在海拔 3700 米到 4800 米之间的贫瘠的高山草原上。与重约 50 千克的骆马相比，重约 100 千克的原驼更常见，数量也更多。

▲　印加帝国的国王曾经穿过的精美长袍，就是用从野生骆马身上剪下来的柔软的金色的毛制成的。后来，人们为了获取骆马的皮毛，便开始大量屠杀骆马。截至 1965 年，全世界大约只剩下 6000 只骆马，不过现在骆马的数量正在逐渐增加。

原驼以嫩叶和草本植物为食，栖息的范围较广泛（灌木丛、草原、沙漠），它们通常更喜欢生活在低海拔地区，尽管两种动物的生活环境可能交叠。胆小的骆马需要饮水，而原驼体内所有水分都来自食物。占支配地位的雄原驼和雄骆马会占有一块领地，并拥有好几头携带幼驼及其后代的雌驼。其他雄驼则组成自己的单身群体。在交配季节里，雄驼变得富有攻击性，并为争夺交配权而战。

　　曾在印加文明经济中占中心地位的大羊驼和羊驼，可能是由野生原驼繁衍来的。在4000多年里，人们在安第斯山脉驯养无峰骆驼。现在，人们仍然饲养它们，食它们的肉、乳汁，利用它们的皮毛和可以做燃料的粪便。

猪和河马

猪科动物是一种强壮有力的动物，它们通常蹲伏着，腹部形如壶状，并且"武装"有长牙。而它们两栖类的近亲——河马，更为强大有力。河马的大嘴和巨大的、像匕首一样锋利的长牙，可以把船劈成两半。在打斗中，它们的长牙还能在其他河马的兽皮上留下伤疤。

在猪形亚目中，有猪科、西猯科、河马科。它们是唯一的在消化过程中，不需要对食物进行反刍的偶蹄动物。猪和西猯都是杂食动物，它们的胃部结构相对比较简单。河马的胃部结构要复杂一些，有三个胃室。

▲ 这群野猪的幼崽爬到妈妈的身上。在生育前，母猪会先用草筑一个巢。它们每次能产下 12 只小野猪。每只小野猪都能同时从母亲的乳头上吸奶。许多野猪的幼崽的身上都有斑纹，在林地中斑斑点点的光线中，这增强了它们的伪装效果。

疣猪

疣猪呈褐黑色，身上只有稀疏的刚毛。但它们的面须是白色的，有鬃毛和疣子。这种强健的猪生活在非洲的平原地带。公猪和母猪都有长牙——上长牙有两根，长长的，朝上卷；下长牙稍短，但是很尖利。

疣猪的生活
疣猪在夜里休息。白天最炎热的时候，它们会躲在洞穴里，或者隐藏在丛林中的阴凉处。

牢固的"猪窝"
疣猪的洞穴通常是土豚留下的洞穴。在寒冷的夜里，这些洞穴能为它们提供安全和保暖。下大雨时，洞穴中可能洪水泛滥，此时，小野猪通常会被淹死。

野猪的战争
相互为配偶而竞争的公猪用蹄子扒地，用猪嘴掘地，扬起了一阵一阵的尘土。如果双方都不放弃，它们就会以头相抵，互相用力地推，直到一方退却。面部的疣子能保护它们免受"敌人"长牙的伤害。

高高的尾巴

在开阔的平原上，小疣猪最好的防御方式就是逃跑。它们高高地扬着尾巴，迅速逃离危险，并先将脑袋钻入自己的洞穴。面对危险时，成年野猪还会将它们的长牙朝向敌人，然后倒退着撤离。

混乱的食物

由于腿长脖子短，所以，疣猪必须跪着进食。它们会一边慢吞吞地行走，一边食用正在生长的青草尖。它们也吃草本植物的种子，还用猪嘴挖掘植物地下的根和块茎。

家族群体

在猪群中，通常是母猪和三四头小猪生活在一起，它们共同居住一个巢穴。几个血缘关系相近的猪群可能会分享同一片地域内的食物、水洞，甚至睡觉的洞穴。公猪通常独自生活。

打滚

疣猪没有汗腺，所以，快速地在泥中打滚能使它们迅速凉爽下来。皮毛上的一层干泥"外衣"还能保护它们免受昆虫的叮咬。疣猪也会在泥中洗澡，并在树木和蚁丘上摩擦身子。

◀ 河马沿着河床迅速跑开时，会用它们那有蹼的足轻轻接触河床，从而推动着巨大的身体在水中前进。它们那巨大的身体在水中几乎显得没有重量。河马并不擅长游泳，但是它们一次能在水下待5分钟，并且能够依靠行走敏捷地移动。

▲ 红砖色的南非野猪生活在撒哈拉沙漠以南的中部非洲和马达加斯加的森林、丛林、草地中。在白天和黑夜里，它们搜寻并猎食植物和小型动物。为了寻找熟透的果实，它们甚至能走很远。它们以家族的形式生活。在每群野猪中，有12头或者24头野猪。

野猪的引进

在野猪科家族中，一共有9种野猪。它们生活在欧洲、亚洲、非洲的森林、林地和草地上，并被引进到了南北美洲、澳大利亚、新西兰以及南太平洋诸岛上。

猪是一种强壮、聪明的动物，中等大小，矮壮结实。它们的每只脚上有四个脚趾，但只用其中两个脚趾行走。它们的皮厚，皮上有粗糙的刚毛。有时候，公猪的脊背上有鬃毛。成年猪全身都是灰色、淡黄色、褐色或者红色的。

这些强壮的猪头大颈短，头上有长而有力的口鼻部。在口鼻部尖端，有强健而柔韧的、软骨质的圆盘形鼻孔。口鼻部是猪的探测器官，用来在落叶堆中挖掘，或者在土壤中翻搅，寻找植物性食料，如树根、种子、果实和菌类。猪是杂食动物，除了植物性食料，它们也吃昆虫、虫子、小型脊椎动物和腐肉。猪也是一种聒噪的动物，它们通过尖叫声、呼噜声、咕哝声和哼哼声来交流。公猪和一些母猪有长长的、朝上伸的上犬牙或长牙。它们的下犬牙较小，但却像剃刀一样锋利。

奇异的东南亚疣猪

东南亚疣猪是一种大型的灰褐色野猪，全身几乎无毛，生活在潮湿的丛林中。它们长有非同一般的长牙。它们的上长牙穿过口鼻部的皮肤朝上竖起，并且弯曲着。它们的下面两根长牙也弯曲着，并且朝后伸。东南亚疣猪生活在苏拉威西岛、多哥、苏禄群岛和布鲁岛上。公猪的长牙尤其长。有时，它们会利用头和胸部在沙地中穿行，并左右摇晃着脑袋。科学家们相信这是它们用来标记气味的方式。因为当它们在沙地中穿行时，多泡沫的唾液就会在沙地中留下可供其他的猪识别的化学物质。

猪通常以家族群体的形式生活。每个猪群中有一头或多头母猪和它们不同年龄的幼崽。有时，几个猪群可能会组成一个大猪群，它们互相分享交叠在一起的家园领地。有的公猪会独自漫游，尚未交配的公猪会单独组成一个猪群。在同一个区域内，它们会为了争夺异性而竞争。它们会建立起等级秩序，并通过格斗来显示自己的优势。

野猪遍布在欧洲、北非和亚洲地区，它们是家猪的祖先。野猪在潮湿的土壤和落叶堆中四处挖掘，寻找橡子、山毛榉果实、根、鳞茎、果实、虫子、昆虫、青蛙和老鼠这样的食物。大林猪能长到2米多长，重量能达到275千克。生活在中非热带森林中的褐色黑猪，会炫耀长牙和大大的面疣，并在林中的空地上吃草。爪哇疣猪、须猪、印尼野猪都生活在亚洲的森林中，面部上都长有疣子。

独特的西猯

西猯是一种腿部较细、像猪一样的有蹄哺乳动物，它们有三个种类。这种奇怪的杂食动物主要生活在美洲的森林、草地和灌木丛中。它们的身上长有一层又厚又粗糙的刚毛，后背上有大片的腺斑，腺斑中会分泌出一种油脂的、有麝香味的物质。它们和猪不一样，在它们的后脚上只有三个脚趾（但是在前脚上却有四个脚趾）。

从美国西南部地区的南边，一直到阿根廷北部的森林和灌木丛林中，生活着领西猯。这种动物大约1米长，肩高约40厘米，浑身皮毛是灰色的，只有脖颈上有一圈明显的白色。生活在

▲ 这头白唇西猯大大地张着嘴。西猯没有像野猪那样的长长的朝上翻转的长牙，但是它们有短而锋利的犬牙，能帮助它们挖掘并食用植物的根茎。它们有力的上下颌还能够碾碎种子。

▲ 生活在西非的倭河马与它们的大型近亲非常相似，虽然它们的腿和脖颈更长一些。它们足趾上的蹼较少，长在脑袋侧面的眼睛并不时常睁开并露出水面。

南美洲和墨西哥的白唇西猯稍微大一些，在它们唇、颌、喉咙和尾巴上有白色刚毛。草原西猯直到1975年才被科学家们发现，在西猯中，它们是最大的种类，头骨较大，嘴也较长。

　　西猯吃水果、种子、根和昆虫，以及它们碰到的任何一种无脊椎动物。领西猯和草原西猯也要吃仙人掌。西猯成群生活在一起，会勇猛捍卫自己的领地。成年西猯会用尾腺分泌物来给岩石和树木做上标记，并会有规律地在固定地方排便。当它们开始为交配权竞争时，雄性西猯会建立起自己的等级秩序。

大量的河马

　　在河马科中，河马只有两个种类。它们都生活在非洲，体形呈桶状，头大腿短。较大的河马，体重能超过3000千克。它们生活在河流、湖泊，以及西非、中非、东非和南非的草地上吃草。它们用宽宽的唇拔地上的草，在夜晚的几个小时中，就能吃掉大约40千克草料。草料在它们的三个胃室中被消化，它们的胃部能够处理大量的草料。

　　白天，河马在水中休息，或者躲藏在水域附近的岸边。它们的皮肤光滑无毛，除了口鼻部有一些刚毛。当河马从水中出来后，水分会通过它们的表皮大量流失，速率远远超过其他哺乳

▲　白天，河马四处消磨时间。它们通常成群地在浅水处打滚。它们的眼睛、耳朵、鼻孔都长在脑袋顶上，这样的话，当它们的身体在水下时，眼睛、耳朵和鼻子却还能露在水面上呼吸、看和听。

动物。如果它们不能在当天返回到水中，河马就会因脱水而死。它们皮肤下的腺体能够分泌一种粉红色液体，当这种液体干燥后，能形成一种像漆一样的东西，保护着河马的皮肤不被晒伤。它们在水中交配，雌性河马会在陆地上生下一头幼崽，有时也在水中生产。小河马一出生就能适应水中的生活，它们在水中闭着眼睛、折叠着耳朵，从母亲的身上吸奶。

河马成群生活在一起。在每群河马中，除了雌性河马和它们的幼崽，还有未到生育年龄的雄性小河马和正处于生育期的成年雄性河马。在每一群河马中，大约有12头河马，但有时候，会有100多头河马组成一个群体。雄性河马会勇猛地捍卫自己的领地，并对领地中的雌性河马具有绝对的交配权。其他的成年雄性河马如果比较温顺的话，领地内的雄性河马也会允许它们在自己的领地边缘徘徊。

倭河马不像河马那样生活在水中，但是它们生活在潮湿的森林和沼泽中，以根、茎、草和落地的果实为食。人们对它们的习性所知不多，但它们可能是一种独居动物，只在交配时才会搜寻自己的同类。雌性倭河马通常独自与子女生活在一起。

▲ 长长地打呵欠时，河马会伸长上腭、下颌。在完全伸展后，河马的上腭、下颌能张开150°。雄性河马还会把上腭、下颌张得大大的，以此来挑衅其他的雄性河马。同时，它们还会露出50厘米长的致命的长牙。

大开眼界

仪式化的威胁

当雄性河马在可以共同分享的领地边缘相遇后，它们会进行仪式化的表演。在它们的表演中，包括排粪便，以及用摇摆着的尾巴在水中将粪便分散开。对于多数争端，河马都是通过仪式化的威胁来解决的，比如互相冲击和威胁着张开大嘴。有时候，它们那像剃刀一样锋利的犬齿也会造成严重的伤害。

马和斑马

公马抬起头，张开鼻孔，嗅着空气里的味道。风呼啸着穿越它附近的岩石，这使马受到了惊吓，它那竖起的耳朵开始旋转起来。它喷着鼻息，警告性地摇着头，于是，它所带领的那些母马们纷纷逃离，以迅疾的速度在崎岖不平的大草原上奔驰。

马、斑马和驴都属于马科动物家族，它们都很敏捷、伶俐。马科动物可能是人们最熟悉的，也是分布最广泛的奇蹄目动物，它只包含一个属，即马属。马属动物一共有 7 个种类，其中有两种马、3 种斑马，以及两种驴。它们大多数都生活在小型的家族群体中，每个群体一般是由 3 到 4 匹成年马和它们的后代组成的。

所有的马科动物都有长长的头部和颈部，以及细长的、又瘦又结实的腿。在它们的每只蹄

▲ 生活在北美大草原上的野马是现在的家马的祖先。西班牙人在征服美洲期间，开始驯养它们。这些精力充沛的公马会负责保护母马，以免母马被其他公马抢走或被美洲狮捕食。

上还长有一只能够承载身体重量的足趾。在它们的腿的上部长有强劲有力的用于奔跑的肌肉，这些肌肉靠近胸部和尾部，这使得它们能够有足够的速度和力量逃脱捕食者的追捕。它们的感官很发达，能够识别各种危险。它们的眼睛高高地长在头顶上，这使它们具有宽广的视角。耳朵外部长着大大的耳翼，而且能够旋转，这使它们能够捕捉到极其微弱的声音，或者将视觉信号发送出去。它们的嗅觉器官甚至能够辨别出微风中一阵阵最为轻微的气味。

所有的马科动物都是食草动物。马和斑马主要吃草和莎草，但是，如果生活在贫瘠的环境之中，它们也会吃树皮、树叶、植物嫩芽、水果，以及植物的根茎，而这些东西原本都是驴的基本食物。在马科动物的嘴前部，长有能够咬断植物的强有力的门牙，而在它们的嘴后部则长有突出的、有牙釉质的臼齿。这些臼齿会一起碾压，将植物纤维磨碎。

马的特性

马的身体已经进化出了一系列与它们的生活环境相适应的物理特性。那些生活在开阔的高沼地的马，比如设得兰矮种马或者图中这种高原小型马，由于缺乏食物，通常都长得比较矮小。它们的蹄子又宽又圆，这有助于它们穿越多沼泽地带。健壮结实、肌肉强劲的身体结构，有助于它们穿越岩石地面。

额毛　鬃毛　马肩隆　带脊骨的肉　腰部　臀部　尾巴的骨肉部分　鼻口　尾巴　肘　后小腿　膝盖　胼胝　麦角　丛毛　球节　蹄

食物在它们胃里的后肠发酵系统中，只能部分消化，这就意味着与反刍动物相比，食物经过它们身体的速度相对较快，而且，食物中有价值的营养物质并不能全部被它们吸收。为了弥补这一点，马科动物们会吃掉大量的植物。

马和小型马

人类和马的关系已经持续了 2.2 万多年了。在冰河时代法国人生活的遗迹周围，人们发现了马的骨头，并且原始的岩洞壁画也显示了人类猎马的情景。很多年以后，人类学会了饲养马，并用它们来作为食物。大约在公元前 5000 年，马开始被用来拉马车、载人、载货物。人们将不同类型的马进行异种交配，培育出了家马，使它们具有更多有用的特征。人们还发现，不同种类的马科动物也可以进行异种交配，尽管它们的后代可能不能生育。例如让一匹雌马和一头驴进行交配，会生育出不育的骡子，骡子既具有马的体形，又有驴的力量和耐力。

在马匹的进化史上，一些被驯养的马会重新逃到野外去生活。这些幸存下来的野马与它们的未经驯化的祖先很相似。例如在欧洲，那些肩高不超过 145 厘米的强壮的小型马（比如生活在英国埃克斯穆尔高地和挪威峡湾的小型马），会在荒无人烟的荒野和山脉中四处游荡。几千年后，它们的身体特征已经适应了自己的居住环境。生活在苏格兰高地的小型马有着矮壮的体形、

▲ 这些在林地中食草的威尔士小型马，比那些几个世纪以来一直在威尔士山区野生的精力充沛的小型马要大一些。如今，只有三个品种的威尔士小型马还存活着，它们的肩高从 127 厘米到 137 厘米不等。

▲ 生活在英格兰新福里斯特的小型马自由地漫游在沼泽地和石南沼泽之中。在春天和夏天的那几个月里，它们以草为食物，但在冬天的那几个月里，它们就不得不以荆豆、冬青属植物，以及悬钩子属植物为食了。

短而结实的腿、小脑袋，以及能够帮助它们度过严冬的温暖皮毛。它们还有长长的额毛，这些额毛落在它们的脸上，就像长长的"刘海"一样。当它们在野外吃草的时候，这些额毛能够为它们的眼睛防风挡雨。厚厚的鬃毛和尾巴能够使它们颈部周围以及两条后腿之间的敏感部位保持温暖，并且能够引导雨水从它们的皮肤上流下来。

　　唯一幸存下来的，没有被人类驯养过的纯种野马是普氏野马。当人们在蒙古的西北部地区第一次发现这种矮壮的、长有深色且竖立的鬃毛的暗褐色野马时，它们那尖利的马嘶声在戈壁沙漠的很多地方都能够被听见。从那以后，它们就处于濒临灭绝的危险边缘。幸运的是，在世界各地动物园中实施的这种野马的繁殖项目略有成效，有几小群野马已经被放回了野外。

疾驰的马群

　　马科动物是群居性的动物，在它们的群体中存在两种类型的社会性组织。细纹斑马和驴都生活在临时性的群体中，这种群体中的成员可以随意加入或者离开自己的群体。唯一稳定的是母马和它们的马驹之间的关系。不过，这种关系在马驹断奶之后很快也会结束。存在于马、草

◄　在繁殖季节里，公马严格地保护自己的母马远离竞争对手。如果两匹公马都不甘示弱，那么，它们就会由嘶叫着展示自己的力量，转变为激烈的搏斗，在搏斗中，蹄子和牙齿都成为它们的武器。

▲　唯一一种生活到现在的纯种野马是蒙古的普氏野马。这些纯种野马长着短而直立的鬃毛、成簇状的尾巴，以及大大的脑袋，它们有着比驯养的马大很多的大脑。

远离灭绝

在波兰自然保护区的森林深处，隐藏着欧洲野马的近亲。直到 19 世纪，这种古老的野马才充满野性地穿过俄罗斯乌拉尔山脉南部地区的大草原进入人们的视野。人们认为它们是许多如今在欧洲被驯养的马的祖先，但是，人们过度的捕猎使它们面临着濒临灭绝的危险。在它们中，有一些聚集在自然保护区中，但是，大多数都已经死亡或者被驯养了。

原斑马和山斑马之中的另一种社会性的组织要更稳定一些。它们以小家族群体的形式生活在一起，在每一个群体中，通常包括一匹公马、几匹母马、一些小马，以及几匹马驹。它们每天 60%～80% 的时间都用来寻觅食物，其余的时间则用来休息。每个群体中都有长幼强弱次序，公马居首位，其次是母马，然后是小马和马驹。

公马和母马之间存在着深厚的"友谊"，它们终生都生活在一起。每天，当它们在自己的活动领域内四处游荡、进食、在地上打滚，以及休息时，它们彼此都会使对方在自己的视野之内。一般来说，两群马的活动领域会有所交叠。每群马中的公马都不会试图引诱对方的母马，所以，这些马群在同一块领地上可以相安无事。但是，如果某个马群中的公马对另一个马群中的某匹母马表现出了兴趣，那么，另一马群中自卫的公马就会通过跺足、展平耳朵，以及尖声嘶叫来警告入侵者。如果这些警告都不起作用，那么，它们就会搏斗，牙齿和蹄子就会变成搏斗的武器。

生活在不同环境中的马群，它们领地的大小也是不同的。生活在塞伦盖蒂国家公园中的草原斑马，它们的领地在食物充足的雨季时有 350 平方千米。但是，到了食物稀少的旱季，几百群马就会聚集在一起，迁徙到食物更丰富的地方去。而一旦到达了新的居住地，每群马又会纷纷离开，寻找自己新的领地，此时，它们的领地就可以扩张到 600 平方千米。

马驹

马科动物通常会在食物充足的时候交配并生育小马驹。在温带地区，它们会在春天和夏天交配。在非洲，斑马的交配季节总是与雨季一致，此时，新的草食逐渐长成。母马并不是每年都生育，并且，它们通常每次只生一匹马驹。它们的怀孕期一般都是 11 个月，只有细纹斑马的怀孕期长达 13 个月。小马驹在出生后一个小时内，就能颤抖着站立起来，几周后，就能吃草了。

这两匹搏斗的斑马都试图将对方的耳朵撕扯下来。当雌性草原斑马准备交配的时候，发生在雄性之间的战争是一幕很常见的景象。在全年中的大多数时候，草原斑马都会平静地生活在家族群体中，这些群体通常是由一匹年纪较长的雄性斑马、5到6匹雌性斑马，以及它们的子女组成的。

你知道吗？

神秘的条纹

　　斑马的条纹最初可能是一种记号，是位于它们最显眼的颈部周围的一种装饰，以此来吸引注意。或许，当它们聚集在一起迁徙的时候，这些"记号"可以帮助它们彼此进行辨认。这些条纹不会帮助斑马调节体温，但是，当它们成群地聚在一起时，捕食者很难将单匹斑马辨认出来。不过，到现在也没有人能够确定这些斑马条纹的真正作用是什么。

斑马线

　　罗马人把斑马称为"马虎"（意思是像马一样的老虎）。这些斑马主要生活在非洲的南部和东部地区。第一眼看上去，所有的斑马可能都是一样的，但是，如果你近距离地观察它们就会发现，它们有三种斑纹和身体形状，并且由此被划分为三个种类。

草原斑马

草原斑马生活在从埃塞俄比亚北部地区一直到奥伦治河流域的草地及开阔的草原上。它们的身体上包裹着宽宽的、竖直的条纹，而又短又粗的腿上则长着水平的条纹。

山斑马

山斑马要稍微小一点，条纹也要窄一些，并且腹部是白色的。另外，可供区分的标记还有下垂在它们喉部的褶皱的皮肤，以及长在尾部的"栅格"型的条纹。

细纹斑马

稀有的细纹斑马要比另外两种斑马高大。在过去，它们那光滑的皮毛很受专门捕获兽皮的猎人们的欢迎，因为它们皮毛上的条纹是窄窄的，并且身体上的条纹是竖直覆盖的，而腿臀部的条纹是呈拱形的，这些都使它们的皮毛更加好看。

◀ 在埃塞俄比亚和南非的奥伦治河之间，人们可以看见成群的斑马和其他的动物（比如狷羚、长角羚羊、大羚羊，以及牛羚）在一起游荡。这种大型群体提高了它们的防御能力，使它们可以在对付捕食者的斗争中获益。

不过，它们通常都要等到 8 ～ 13 个月后才会断奶。

马科动物利用一系列视觉信号和声音信号进行交流，小马驹在刚出生后不久，似乎就能理解这些信号。马科动物会用姿势和声音来表达友好、高傲、敌对、防护、关心，以及好奇等。那些不敢横穿溪流或者看不见妈妈的小马驹，会通过嘶叫、低下头和脖子、张开嘴，以及咀嚼来表达它们的不安全感。有时候，它们也会弯曲前腿，耷拉着尾巴，使自己看起来更小一些。当年轻的公马受到同一群体中其他公马的威胁时，它们也会采用这种姿势。这是一种示弱的信号，这会使年长的公马知道自己是被尊重的，并且处于支配地位。

非洲野驴和亚洲野驴

野驴分为非洲野驴和亚洲野驴两种。苏丹和索马里的非洲野驴生活在苏丹和索马里之间。它们的亲戚——亚洲野驴，体形更大一些，外观上更像马。亚洲野驴有很多亚种，包括叙利亚野驴、波斯和印度的中亚野驴、蒙古的西亚野驴，以及西藏和锡金的西藏野驴。这些野驴都是深褐色的，但是它们的肩高却不同（从 120 厘米到 127 厘米不等）。

非洲野驴和亚洲野驴都有长长的耳朵、窄窄的蹄子，以及短短的、直立的鬃毛（与斑马的鬃毛相似）。它们尾巴尖端只有一簇毛，前腿内侧长有粗硬的肉赘或胼胝。马的前腿和后腿内侧也长有这样的胼胝。与马和斑马相比，驴要矮一些，而且看起来也不如马和斑马优雅。它们发出的是大而刺耳的叫声，而不是马发出的那种高调的长嘶声，而且它们的社会性组织也与马不同。

和细纹斑马一样，驴也不是生活在固定的群体中。大多数成年雄驴都独自生活在大片领地中，它们会用一堆堆有臭味的粪便来标记自己的领地。雄驴对任何在自己领地内游荡的雌驴都拥有特殊的交配权利。交配之后，雌驴及它的后代可能会与雄驴在一起待几个月。但是，这种

◀ 印度野驴生活在印度小卡奇沼泽地区荒凉的盐碱荒原中，这里会随着季节的改变而由沼泽变为沙漠。疾病和过度的捕猎已经使它们的数量大量减少，不过，它们并没有像自己的近亲非洲野驴那样濒临灭绝。

▶ 中亚野驴和波斯野驴曾经是分布最广泛的动物。如今，它们当中，只有少量还生存在伊朗和阿富汗的北部边界上。

关系只是暂时的，如果领地内食物匮乏，雌驴和它的子女们就会离开。没有自己领地的年轻雄驴通常会组成一个单身群体。

在生殖期以外的时间，大多数驴都生活在临时性的混合群体中，或者在自己的生活环境中独自生活。在长有大片低质量植被的干旱地区，雄驴会成对或单独地去觅食，而雌驴则和自己的子女们生活在一起。在拥有充足食物的较潮湿的栖居地，驴会大群大群地生活在一起。这样，它们会拥有更多的保护，来防止捕食者的攻击。在这种较大的驴群中，有一些驴会负责警惕捕食者的进攻，而其他的驴就可以安心地吃草、在地上打滚，或者睡觉。

犀牛和貘

一头犀牛低垂着头，气喘吁吁地啃咬地上的青草。任何一点儿轻微的声音，都会令这头巨兽警觉起来。它会狂怒地转着圈，用浑身巨大的力量扬起一阵阵尘土。

犀牛体形巨大，看起来像史前动物一样。它们主要以植物为食，生活在非洲和亚洲的热带地区，曾经遍及世界大多数地方。今天，所有的犀牛都面临被偷猎以及栖居环境惨遭破坏的境地。

貘是一种原始的、中等大小的奇蹄动物。数百万年以来，它们的外形几乎没什么变化。它

▲ 这头黑犀会挑战任何靠近它的东西。它会低着头，以每小时 50 千米的速度发起进攻，并用角顽强地撞击。有时候，它也会假装进攻，但是在到达目标之前就会停下来。

▲ 一头两周大的小黑犀紧紧跟随在母亲身后——不过，独角犀和白犀的幼崽通常都会跑在母亲前面。小犀牛的体形相对较小，重量不到母亲重量的 5%——一头黑犀幼崽大约重 40 千克。

▲ 犀牛没有汗腺，它们依赖外部的温度调节体温，其中最好的办法就是把自己全身浸泡在泥里。这样能给它们提供一层保护性的"外衣"，防止太阳的炙烤。喝水是它们保持身体凉爽的另外一个办法。

们主要生活在中南美洲，以及亚洲的森林中，但也面临着栖居环境被破坏以及被猎捕的噩运。

成群的犀牛

犀科家族中主要有五种犀牛，它们是生活在非洲的白犀、黑犀，以及生活在亚洲的小独角犀、双角犀和独角犀。

犀牛的英文单词 rhinoceros 来自一个希腊词，意思是"鼻子上长角"。角长在它们口鼻的中部，是由压缩在一起的角蛋白纤维构成的，与中心有骨的牛角不同。犀牛需要大量进食才能支撑巨大的体重。它们的内脏器官并不大。在消化系统中，它们利用后肠对食物进行发酵。犀牛先在胃里把食物全部消化掉，然后把消化的食物送进大肠和盲肠，再由大肠和盲肠内的微生物对食物中的纤维素进行发酵。

犀牛的腿很强健，每只足上有五个足趾。犀牛还有一条中等长度的尾巴，尾巴末端呈穗状。它们的耳尖上有毛发，眼睛小，视力弱，但是它们的听觉和嗅觉都很好。

有的种类是高度领地性的动物，它们会建起自己的领地，并对领地进行很好的管理。领地中有好几条位于泥坑之间的路径，还有专门的饮水区和进食区。犀牛可以在全年中的任何时间交配，但它们并不是"一夫一妻"制，也没有固定的家族群体。

辨认犀牛

通过唇，可以分辨出白犀和黑犀。

白犀

白犀喜欢吃短草。它们一般在早晨、晚上和夜间吃草。它们的唇部很宽，每一口都能吞咽很多的草料。

黑犀

黑犀吃植物，主要以各种植物的叶子、芽、根茎为食。它们大量吃各种不同的植物。它们的上唇是尖的，能灵活抓握食物。

非洲的犀牛

　　白犀是一种大型的、肌肉发达的动物。一头成年雄性白犀高约 2 米，体长不到 4 米，重量能够达到 2300 千克。它们的前角有时长达 1.6 米，第二支角长在前角后面，长达 40 厘米左右。雌性白犀的体形比雄性白犀小，重量能够达到 1700 千克。虽然名叫白犀，但实际上它们是蓝灰色的，而且它们的颜色与黑犀并没有明显不同。它们喜欢生活在灌木茂密的草原上和水源附近的草地中。

　　白犀性情温和，没有攻击性，在大量的时间里它们都在进食。每次进食后，它们都会在树

这头居统治地位的雄性白犀能够容忍其他处于从属地位的雄性白犀，只要那些白犀顺从它。当地位较低的白犀的力量越来越强大时，它们最后可能会挑战居统治地位的白犀。雄性白犀之间的战斗会很残忍，它们甚至会用朝上生长的角猛刺对方。

▲　双角犀以块茎为食，这些犀牛会沿着固定线路穿越丛林，寻找植物性的食料。它们每天至少要到水坑中去两次，在水坑里打滚，缓解被昆虫叮咬的痛苦。一般来说，它们是独居动物，但有时也会看见成对的犀牛——通常是母亲带着自己的幼崽。

阴下或泥坑中休息，然后再次进食。当雌性到了生育时节时，成年雄性白犀就会追随着它，并试图将它留在自己的领地内——如果需要的话，雄性白犀会用角"劝说"它留下。雄性白犀用粪堆来标记自己的领地，它们会用后腿把粪便踢散，并将尿液有力地朝后喷出。

　　双角黑犀生活在干旱的灌木丛林地区，这些地方一般分布着稀疏的树木；或者生活在林地和开阔的草地上。它们主要在清晨和夜晚活动，炎热的白天躲藏在树荫或沙洞中休息。它们每天都会随时饮水，并随时在泥坑中打滚，保持全身的凉爽。在旱季里，它们则在沙地上打滚。

　　不管犀牛生活在哪里，都会有大量的黄嘴牛掠鸟、辉椋鸟、卷尾、牛背鹭尾随着它们。这

▲ 在印度北部和尼泊尔的洪泛平原、草地，以及森林的沼泽边缘，生活着独角犀。图中这头独角犀停留在一片高草和灌木前，用具有抓握能力的上唇帮助自己进食。如果它想吃短草，可以把这种特殊的上唇卷起来。

▲ 如果被什么吸引住了，或者当一股香气从山野的植被中散发出来，这头生活在伯利兹城的雌性中美貘就会用灵活而敏感的鼻子嗅来嗅去。中美貘和南美貘的脖子上都有鬃毛，这使它们能够免受豹子的攻击。

些鸟儿栖息在犀牛的兽皮上，以寄生在犀牛身上的昆虫为食。辉椋鸟还有预警作用。当有危险靠近时，它们会发出警告的鸣叫声。

亚洲的犀牛

独角犀长着深灰色、像盔甲一样的兽皮，兽皮上布满疣子和一道道深深的皮肤褶痕。它们可能是看起来最原始的品种。在亚洲犀牛中，这是最大的品种。它们体长约 3.8 米，高约 1.85 米，重约 2200 千克。在它们的口鼻上只有一支角，长约 45 厘米。独角犀的体形就像一个巨大的水桶，它们长着厚厚的兽皮，但是在兽皮下有一层血管，这些血管吸引着讨厌的吸血的苍蝇。大多数时间里，犀牛都在泥地里打滚，或者站在水中，借此摆脱讨厌的苍蝇，以及保持身体的凉爽。

小独角犀的外形有些像独角犀，也只有一支角，长约 25 厘米。它们的皮肤呈深灰色，皮肤上有粒状物和很多褶皱。但是，小独角犀的体型要小得多，重量仅有 1400 千克。它的口鼻部很长，上唇具有抓握能力，适合吃树叶。

双角犀是一种原始品种，长有两支角，主要生活在东南亚的雨林中。在所有犀牛中，它们的体形最小，站立时高约 1.3 米，重量大约只有 800 千克。它们的兽皮是灰色的，皮上分布着稀疏的红色长毛。雄性的前角长约38厘米，但雌性的前角很短。它们的上唇具有抓握能力。虽然它们的唇部不像小独角犀的那么长，但是吃的东西都差不多，如植物的根茎、叶子，以及丛林中的果实，包括攀缘植物和竹子。

▲ 这头雌性印度貘紧紧盯着自己的孩子。所有的貘在刚出生时都是红棕色的，身上有白色斑点或条纹。两个月后，这些斑点和条纹就会隐去。这种"外衣"能使它们在丛林地面斑驳的阳光中很好地隐藏起来。

奇特的貘

　　貘科家族中也有4个品种，其中3个品种生活在南美洲，另外一个品种主要生活在亚洲。

　　貘的体形矮壮，四肢短而结实，臀部比肩部高。这种体形使它们能够顺利地从茂密的丛林底部穿过。貘的脖子很短，但是头部很长，鼻子短而多肉。貘主要是夜行动物，它们的视力比较弱，但是听力和嗅觉非常发达。它们的后足有三个足趾，但是前足上却长着第四个足趾，这个足趾比其他的足趾小，位置较高。

　　在黑夜里，它们用鼻子在地面上嗅着穿越森林，在河岸边沿着"之"字形的路线前行，从而漫游到开阔之地。它们边走边吃，主要吃植物的叶、芽、嫩枝、水生植物和草。它们敏感的鼻子能帮助抓住植物，并把叶子朝着嘴里面拉。它们会沿着固定路线前行，并用尿液标记领地。在生育时节里，貘会参与嘈杂的交配。它们在交配中，会尖叫，会嗅来嗅去，会啃咬对方的足

在湿地中

　　南美貘在啃咬水边的植被。它的鼻子将可以移动的上唇和鼻孔连在了一起。它吃东西时，上唇就像手指一样能帮助它"采摘"植物。貘擅长游泳，它们经常游到水中进食，或者在水中保持身体的凉爽——淹没在水中甚至还能帮助它们避免危险。此外，水还能帮助它们征服身上的寄生虫。

和耳朵，还会用鼻子触碰对方的腹部。

生活在美洲地区的貘——南美貘、山地貘、中美貘，颜色都是红棕色的。它们的皮肤粗糙，但是长有稀疏的毛。山地貘的皮毛比其他的貘厚，因为它们主要生活在海拔较高的安第斯山区。南美貘和中美貘的脖子上都有鬃毛，能保护它们免受豹子的攻击。在所有的貘中，成年印度貘的特征是最明显的——它们的头部和前腿都是黑色的，后腿也是黑色的，身体中部是白色的。白天，它们躲藏在茂密的浓荫下；夜晚，黑白花纹的兽皮为它们提供了良好的伪装。在夜色中，它们很难被认出来。

鹿和长颈鹿

　　长期以来，高贵的牡鹿以它们那令人印象深刻的鹿角、强大的力量和坚忍的耐力，成为国王和他们的猎犬捕猎的目标。近年来，人们为了享用美味的鹿肉而人工饲养鹿。在北极地区，那里的游牧部落依然靠一年一度迁徙的驯鹿群为生，猎取鹿肉、鹿皮和鹿奶。

　　鹿是一种美丽的反刍动物，在美洲、亚洲、整个欧洲，以及北非，都能见到它们的身影；同时，它们还被引进到了大洋洲的一些国家和岛屿上。鹿群主要生活在气温凉爽的林地，但也有一些物种生活在沼泽地、草地、山区，甚至极地的冻土地带上。大多数鹿种都生活在北半球。

▲　麋鹿（在中国俗称"四不像"）是一种生活在森林边缘和草地上的大型鹿。它们是赤鹿的近亲，成群地生活在美国、蒙古和中国。雄鹿的鹿角能够长到1米多，它们那米色的皮毛在冬天时颜色会加深。

蕨类植物中的小鹿

小梅花赤鹿在每年5月末或7月出生。它们出生后的前几周，一般都躲藏在地面的灌木丛中，吮吸母鹿的奶水。

▲ 一头成年的雌性阿拉斯加驼鹿（在欧洲被称为麋鹿）那松弛而下垂的嘴唇，正充满爱意地悬垂在一头长腿小鹿的上方。它们那灵活的嘴唇能够在草甸、沼泽地和森林里收集水生植物，嫩枝，以及柳树的小苗。

鹿科中大约有34个品种，既有8千克重的南美普度鹿，也有800千克重的驼鹿。它们的身子长长的，脑袋上有角，鹿颈和腿都很细，尾巴短。它们的眼睛又大又圆，长在脑袋的两侧。

鹿通常都有很好的伪装，它们的身子上有棕色、灰色、红色和黄色的图案阴影，腹部和尾部的颜色较浅。当一头鹿在逃离危险时，它尾部上急速晃动的鲜明斑点，就是在警告其他鹿的讯号。除了鼻子，它们全身都覆盖着皮毛。它们的鼻子是裸露的，有敏锐的嗅觉。只有驯鹿的鼻子上长有毛。它们每年会换两次毛，一次是春天，另一次是秋天。

只有生活在中国和韩国一些地区的獐（也称河麂）长有一对小型獠牙，其他雄鹿（也称牡鹿或公鹿）的头顶上都长着一对坚固的骨质鹿角。除了驯鹿和北美驯鹿，雌鹿都不长鹿角。和犀牛，以及牛的角不同，鹿角每年都会脱皮、生长。鹿

角有各种各样的形状和大小，既有小型的棒状
角，也有精美的树枝状角。

鹿的社会

　　鹿群主要以草和矮生植物为食。但也有一些
鹿会吃树叶、树枝和地衣。那些生活在寒冷的北
方地区的鹿，它们的食物会随着季节的转换而变
化。例如扁角鹿在夏天会消耗大量的青草，但到
草料稀缺的季节，它们就会大量吃橡子、山毛榉
坚果，以及一些别的果实。在冬天的时候，它们
会吃冬青树、常春藤，以及其他的牧草。

　　赤鹿、麋鹿、梅花鹿、驯鹿都是很大一群
地生活在一起。它们一般在开阔之处吃草，不
常面临激烈的食物竞争问题。另一方面，在茂
密的林地里，食草的狍子（偶蹄目鹿科，分布
在亚洲、欧洲的中北部）和南美洲的短角鹿，
一般独来独往或者小群聚居，以避免相互争夺
零散分布的食物。在鹿群里，除了繁殖期，雌
鹿和雄鹿一般都分开生活，这样在食物匮乏的
冬天，可以减少它们彼此之间的竞争。冬季，
按体形大小进行等级分化的单身雄性赤鹿，以
及在鹿群中占有统治地位的雄鹿，会占据较好
的食草地点。雌鹿中也有等级之分，而且它们
会通过推挤、撕咬、踢打等方式争夺最好的食
草和栖息之地。

　　当雄鹿成年后，它的鹿角会长得更大，而
且有更多分枝。鹿角的大小会显示出它的力量、
年龄、身体状况，以及在鹿群中的地位。繁殖
季节，在为了争夺雌鹿而进行的战斗中，鹿角
也被当作武器。最强壮的雄鹿，它的鹿角最富

▲ 就像印度和斯里兰卡的白斑鹿一样，亚洲的梅花
鹿和扁角鹿都有一身带斑点的皮衣。冬天，扁角鹿
皮毛上的斑点会变淡。成年的雄鹿的鹿角宽而扁，
长达50厘米，它们的喉结向外突成一团。

▲ 这头美丽的雄獐骄傲地站立着，它那在
新季节里长出的鹿角上还有一层嫩皮。这
层毛茸茸的皮肤里的血管能为正在生长的
鹿角提供营养和氧气。鹿角长大后，角上
的嫩皮会蜕落，鹿骨也死亡，并且硬化，
可以被用来进行战斗了。

单身季节

　　每年 10 月末，雄性赤鹿和雌性赤鹿就会分开，分别度过冬天和春天。在 3 岁以前，年轻的雄鹿会一直跟随雌鹿群。

①单身鹿群

当雄鹿到地势较低的地方去寻找更好的食物时，雌鹿可能会继续留在地势较高之处。它们需要在发情期后恢复力量。当气候变得严酷时，雌鹿也可能会到地势较低处觅食。

②冬季的外衣

赤鹿每年换两次毛。冬天，它的毛皮有两层，内层是由蓝灰色的、柔软的毛紧紧交织在一起；外层是起皱的长毛。冬季的皮毛比夏季的红色皮毛要单调得多。

③扒雪觅食

赤鹿用长着连枷关节的前肢扒开柔软的雪层，搜寻雪下的植物。它们也啃食树皮，而这可能会严重损伤树。在严酷的冬季，会有很多赤鹿不幸死去。

鹿角战争狂

　　每年 9 月底，随着发情期的来临，雄性赤鹿（此时它们的皮毛是红色的）开始变得活跃。成年雄鹿，全身蓬松着浓密的鬃毛，头顶坚硬的鹿角，变得富于攻击性，而且性情暴躁。

①雄鹿的悸动
一头发情的雄鹿正在搜寻、追逐雌鹿。它不停地吼叫和咆哮,充满敌意地阔步而行,展示着鹿角的尺寸,以此来吓退其他雄鹿并吸引雌鹿。

②不可容忍
就像疯了一样,这头狂怒的雄鹿正在驱逐其他靠近的雄鹿。5岁以下的雄鹿通常会毫无抵抗地逃开,但是更大一些的雄鹿则会在撤退和战斗之前估量敌人。

③散发气味
一头雄鹿在一堆泥炭或泥泞中撒尿,然后用它的鹿角搅拌散发恶臭的泥浆。它在泥潭里打滚,裹上一身泥浆外衣;它把脖子和脑袋伸进泥水里磨蹭;这头正处于发情期的雄鹿浑身发出一股难闻的气味。

④统治者的碰撞
两头雄鹿互相咆哮了一会儿,然后阔步走来走去,相互估量对方的大小和力量。最后,这两相匹配的雄鹿会通过鹿角顶撞、推挤来进行战斗,直到弱者承认失败。在大约会持续3周的发情期内,只有那些非常强壮的雄鹿才不会被新来的雄鹿打败。在每一个季节,一头强健的雄鹿可以和20头雌鹿交配。

于侵略性，而较小的雄鹿一般都不会去挑衅明显优于自己的对手。另一方面，两头互相匹敌的雄鹿会通过战斗来解决一些问题。它们会让鹿角纠缠在一起，互相推挤，直到较弱的一方放弃并撤退。胜利者会留下来与雌鹿交配，并保护数量不断增多的"妻妾"们。有一些品种，如美洲的白尾鹿，它们只占有单只雌鹿，交配完后就去追逐其他异性。雄麂（毛冠鹿）则会占有领地，并和领地中的所有雌鹿进行交配。

成年的雄性赤鹿在战斗和交配过程中，体重大约会减轻 13 千克。不过，它们会在冬季恢复力量，在春天蜕掉鹿角，并迅速长出新的鹿角。掉落的鹿角会被鹿自己吃掉，因为鹿角是很好的钙质营养物，尤其是对于妊娠期中的雌鹿。

雄性的小扁角鹿在大约 6 个月时，就会开始长肉茎（一小团骨头，鹿角就是从这里发育出来的），它们也被称为二岁鹿（这是一种来自英国人的称呼）。在第二年，这些肉茎会长成单只长棒鹿角；第三年，长棒鹿角上又会长出 6 个分叉，它们分别是眉叉、第三角叉、不分枝的顶叉。当雄鹿长到好几岁后，它就会拥有完整的八分叉鹿角。正在发育的鹿角上，覆盖着一层长茸毛的皮肤（鹿角嫩皮），这层皮肤为鹿角提供含有营养及氧气的血液。在发情期前，雄鹿会在树上或灌木上摩擦鹿角，以此去掉上面的茸毛，展露出坚硬的、适合用作战斗武器的鹿角。

▲ 生活在亚洲热带森林里的鹿看上去非同寻常。它们的眼睛下面长着大大的香腺。它们那专门用来打斗的犬齿长达 3 厘米。它们的鹿角很短，鹿角的基部外有一层皮肤。

大多数雌鹿每次只能产下一只幼崽（小鹿）。小鹿几乎在一出生就能站立，但它们刚开始还跟不上母亲觅食的行进速度。母鹿会把小鹿藏在矮树丛中。小鹿身上的那层外衣能帮助它们很好地伪装。母鹿并不会走太远，每天早晚它们会回来喂养小鹿。几周以后，小鹿就长得很强壮了，能正式加入鹿群了。

在亚洲的林地和森林里，身形较小的鹿一小群一小群地生活在一起。在这些鹿中，大约有半打以上的物种，它们彼此之间的外衣颜色有显著差别。印度麂是黑栗色的，雄麂站立时，它的肩高约 57 厘米。这是一种体形较大的麂，主要生活在印度、斯里兰卡、中国、缅甸、泰国、越南、马来西亚、苏门答腊岛、爪哇，以及英格兰地区。1994 年，人们在越南和老挝的交界处，发现了一种更大的麂，它们的皮毛颜色也更深。在麂的眼睛下方的凹陷处中，长着很大的腺体，并被一层皮肤膜掩盖着。

驯鹿

在斯堪的纳维亚半岛、西伯利亚、加拿大和阿拉斯加等地，在北极苔原恶劣的生活环境中，成群游牧的驯鹿（在北美洲被称为北美驯鹿）艰难地生活着。在鹿科动物中，它们是唯一的雌雄都长有鹿角的品种。雄鹿站立时肩高约 1.2 米，鹿角比雌鹿的大很多。它们的身体最外面是长而中空的毛，底下靠鹿皮处是浓密的短毛，能够适应寒冷的天气。它们的蹄子是分开的，有很深的裂口，有助于它们在地面和雪地上行走。

每年春天，北美驯鹿和驯鹿群都会大规模地迁徙。一个北美鹿群会从它们冬天栖息的北方森林，迁徙到更北的北冰洋海岸平原地带上去繁殖生育。妊娠期中的雌鹿在冰天雪地中艰苦跋涉、日夜兼程，在沿途中，它们也会不时地停下来休息一会儿，吃点儿东西。它们会刨开积雪

麋香鹿

麋香鹿生活在非洲和亚洲的热带森林中，身形较小，能够分泌出一种气味，它们鼷鹿科中的偶蹄目动物。在印度和斯里兰卡，这种长有状如梅花斑点的鼷鹿在夜间出来活动，觅食落下的果实、植被和小型脊椎动物。这种较小的鼷鹿是鹿群中最小的一个品种，重量只有两千克左右。生活在非洲的水鼷鹿能够潜水，以此来逃离危险。

山里的香气

有 3 个品种的麝香鹿属于麝科。它们呈棕色，大约 1 米长，60 厘米高，生活在西伯利亚、东亚和喜马拉雅山脉的山地森林里。雄鹿没有鹿角，但它们长着一排森森的犬牙。在雄鹿的生殖器附近，还长有一个橙子大小的"香囊"，这里面的腺体会产生一种气味强烈的分泌物，这就是麝香。麝香是一种很有价值的果冻状油质物，可以收集起来制作昂贵的香水。

▲　在鹿科家族中，北美驯鹿是最好的游泳健将。它们的皮毛很有浮力。当它们在迁徙的途中遇到河流或湖泊时，它们头上的鹿角就被用来作为桨划动。

寻找地衣植物；或者掀开浅雪层，啃食雪下的牧草。它们最喜欢吃的一种植物名叫石蕊，这是一种分枝状地衣，可以长到 15 厘米高。北美驯鹿甚至能嗅出雪下 60 厘米深处的地衣植物。为了吃到地衣，一头成年驯鹿一天可以挖掘 100 多个凹坑。和雄鹿不同，雌鹿即使在冬天也保持着鹿角。鹿角较大的雌鹿有时会窃取其他雌鹿的凹坑中的地衣，并将没有鹿角的雄鹿赶走。

幼鹿在海岸平原上降生，以羊胡子草和其他植物的花蕾为食。新生的小鹿在几分钟后就可以站立，但它们却处于被金雕攻击的危险之中。

夏天，为了摆脱成群侵扰的蚊子和其他叮虫，鹿群会向海滨和山脊地区迁徙。它们还常受到牛皮蝇的猛烈攻击。牛皮蝇在北美驯鹿的肌肉里产卵，孵化出来的牛皮蝇的幼虫会在鹿的肌肉里钻洞。夏末，北美驯鹿会食用大量草料，积储脂肪和蛋白质。秋天的第一场雪通常会令鹿群大规模移动。雄鹿一年中的大部分时间都会和雌鹿分开生活。但有段时期，它们会加入雌鹿群中，而这段时期也是它们的发情期。这时，雄鹿停止进食，把注意力都集中在建立统治地位上，以及寻找尽可能多的雌鹿进行交配。成熟的雄鹿长着巨大的鹿角，它们用鹿角和蹄子进行战斗。

长颈鹿

长颈鹿科中有两个品种——长颈鹿和㺢㹢狓。在所有动物中，长颈鹿是最高的，它们的脖子长得令人难以置信，腿也细长，很容易被辨认。一只成年雄性长颈鹿能长到 5.3 米左右高，雌

▲ 成群的马赛长颈鹿正在南美大草原上奔驰。它们的速度能高达每小时 60 千米。而且，当它们的蹄子向前踢时，能爆发出强大的力量。

进食的高度

长颈鹿进食时，可以通过它的站姿来判断性别。雌鹿通常弯身啃食低处的树叶，而雄鹿总是竭力伸长脖子和嘴巴吃它身体上方的食物。

这根长长的舌头能伸长 45 厘米左右，并能将食物卷到嘴里。它们那灵活的嘴唇和梳子状的牙齿，能够将树叶、嫩芽、籽皮、果实、花朵等从树上剥离下来。

▲ 这头站立在水中的成年雄性水鹿正在一边食用水生植物，一边偷眼留意周围的危险。即使在这么深的水里，它们的敌人，比如老虎，仍然可能会发起进攻。水鹿还要经常面对饥肠辘辘的鳄鱼，为了逃生自卫，它们不得不踢跳着反身跃开。

你知道吗？

饕餮盛宴，午后闲茶

在一头长颈鹿的身上，可能会长期聚集着一群黄嘴牛掠鸟或食虱鸟。这些鸟在长颈鹿那好几米长的脖子上爬上爬下，通过自己坚硬的尾巴来支撑，并用长长的爪子紧紧抓牢长颈鹿的脖子。这些鸟儿会仔细搜寻长颈鹿的皮肤，在长颈鹿身上的隐蔽处和缝隙里，在耳朵、眼睛、尾巴底下搜寻蛆、扁虱和跳蚤。对这些鸟来说，长颈鹿就像一座虽小却物产丰富的岛屿。鸟儿们甚至还会在长颈鹿的身上进行求爱活动。

性长颈鹿大约也能长到 5 米。长颈鹿中有几个亚种，它们有不同的皮毛花纹，例如在网纹长颈鹿的栗色皮毛上有白色的花格细线，在马赛长颈鹿的浅色皮毛上有一块块参差不齐的橙棕色皮毛。

长颈鹿的前腿比后腿长，从鹿角到鹿颈，再越过肩部上的小圆丘和相对较短的躯干，直到长了一簇毛的尾巴（毛长约 1 米，用来驱赶舌蝇），它们的整个身体呈持续向下的坡度。在它们的鹿脚上，长有大大的鹿蹄。雄性长颈鹿的角比雌性的更坚实。鹿角上有一层皮，末端长有一簇黑色的毛。小鹿刚出生时，鹿角很柔软，而且是平的；但随着它们长大，鹿角也会朝上生长，并且会变硬。成年长颈鹿，尤其是雄鹿，脑袋上会有突起的骨质团块，看起来就像额外长出的鹿角。

1901 年，人们发现了长颈鹿神秘的近亲——獾㹢狓。它们生活在扎伊尔北部和东北部的茂密雨林里。它们的皮毛是深紫棕色的，柔软光滑；它们的前后腿和臀部有白色横纹；全身散发着一股浓郁的气味。它们站立时，肩高约1.5 米，雄性的角上有一层皮肤，长长的舌头呈蓝色。它们不但用舌头来获取食物，而且用舌头为自己打扫卫生，甚至能把眼睛和脚上这些部位都舔干净。它的牙齿和长颈鹿很相似，裂缝状的鼻孔能够闭合。这是一种独来独往的动物，只有在繁殖时期才会聚在一起。它们会沿着有规律的路径，啃食森林植物的叶、新芽和嫩枝。